FOR BEGINNERS SCIENCE

遺伝子組み換え イネ編

天笠啓祐［文］ あべ ゆきえ［絵］

現代書館

目　次

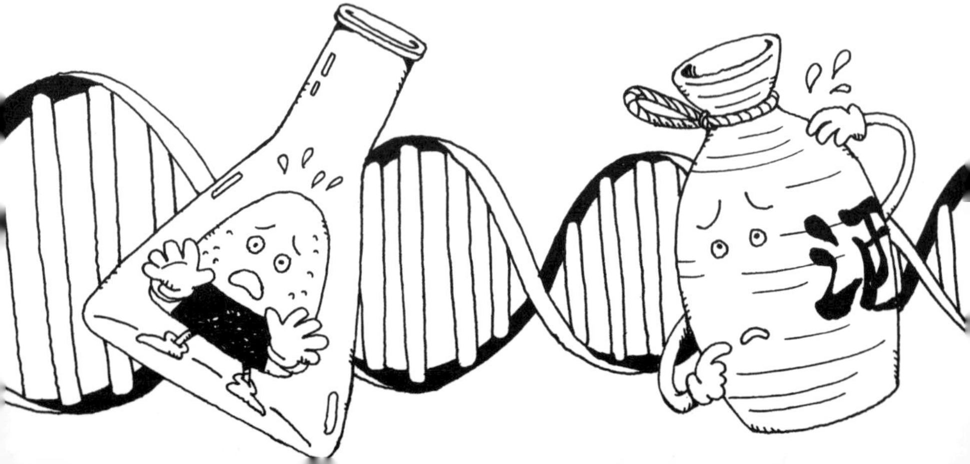

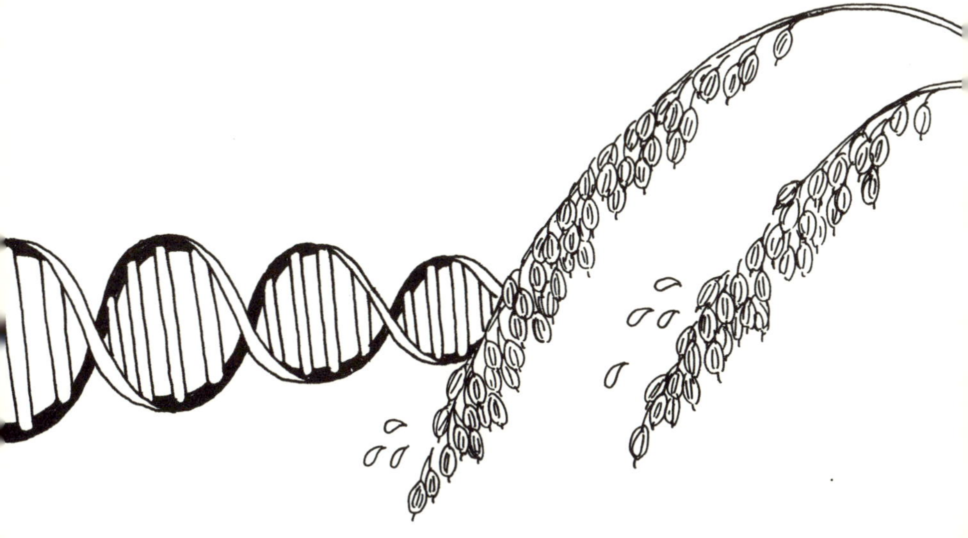

瑞穂の国に大異変!!

第1章

何が起きているのか

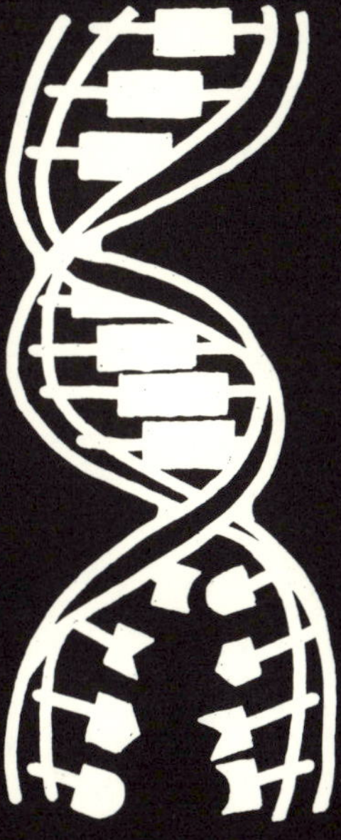

アーパッド・プッシュタイ博士の来日

2000年３月12日、イギリスから１人の科学者が来日しました。アーパッド・プッシュタイ博士。千葉市幕張で、世界中から専門家等が集まり国際会議が開かれました。その会議にあわせて開かれた、「遺伝子組み換え食品いらないキャンペーン」の集会で講演するためです。

その国際会議とは、千葉市幕張で３月14日から17日にかけて開かれたコーデックス委員会（FAO／WHO合同国際食品規格）の遺伝子組み換え食品に関する作業部会です。テーマは、遺伝子組み換え食品の国際規格づくり。遺伝子組み換え食品の安全性と表示をめぐって、欧米間の対立が激化したことから、国際組織のコーデックス委員会が、安全性評価の方法と表示の検討を開始しました。具体的な作業を行う作業部会の設置を、日本政府が提起し、議長国を引き受けたことから、幕張で開催されることになったのです。

コーデックス委員会とは、国連のFAO（国連食糧農業機関）とWHO（世界保健機関）を上部組織に持つ、国際的な食品規格をつくり、執行する機関です。

このコーデックス委員会が、脚光を浴びるようになったのは、1995年１月に、ガット・ウルグアイラウンドの協議を経て、正式にWTO（世界貿易機関）がつくられてからです。それ以前は、食品添加物の認可や残留農薬の基

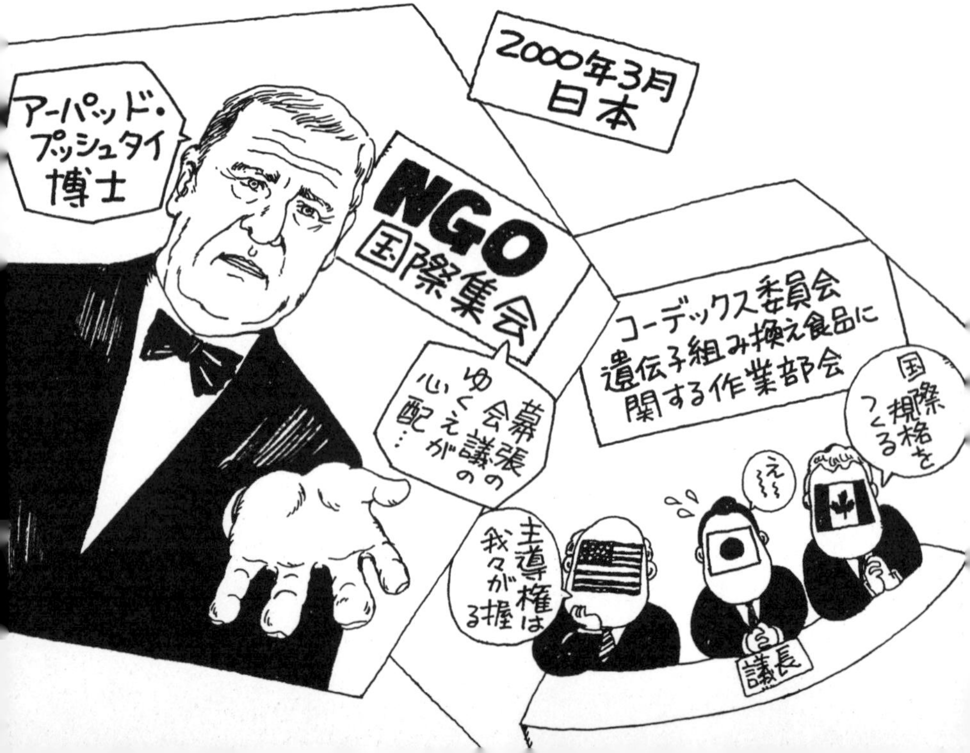

準など、すべて各国主義がとられていました。コーデックス委員会の決定には強制力がなく、重要視されてきませんでした。ところが、それまでの強制力をもたない単なる協議機関のガットから、強制力をもったWTOに移行し、国際的な統一基準重視が打ち出され、コーデックス委員会の決定が、強制力を持つように変更されたのです。こうして食品の安全性に関する最も重要な国際組織になったのです。

この委員会の主導権をずっと握ってきたのが、米国とカナダでした。そのため、北米の作物や食品を世界中に売り込むために機能してきたといっても過言ではありません。それに対して、激しく抵抗してきたのがヨーロッパです。とくに遺伝子組み換え作物が登場するや、欧米間の激しい衝突が起き、同時に遺伝子組み換え食品に反対する第三世界や世界の消費者運動が加わって、コーデックス委員会を舞台に、国際的な論戦が戦わされてきました。日本政府は、食糧を米国に依存することから、一貫して米国に近い立場をとってきました。そのため、今回幕張で開かれる委員会に対しても、米国ペースで進行するのではないか、という懸念が広がっていたのです。

こうして、遺伝子組み換え食品の国際的な規格づくりの会議に、世界中からNGOが終結して、会議場の内外で行動を展開することになり、同時に、いま遺伝子組み換え食品のNGOの象徴になった、プッシュタイ博士の来日となったのです。

遺伝子組み換え食品の安全性に疑問

このプッシュタイ博士が行った実験が、遺伝子組み換え食品の流れを変えました。それはあるテレビ番組での会見から始まりました。1998年８月10日、遺伝子組み換え食品の安全性に疑問を投げ掛ける実験結果が、テレビで発表され世界中に波紋を投げかけたのです。発表した人物こそ、プッシュタイ博士でした。イギリス・スコットランド東部、アバディーンにあるローウェット研究所の研究員で、植物の蛋白質である「レクチン」に関する、世界で最も著名な研究者です。

同博士が中心になって行った遺伝子組み換え食品の安全性を評価する実験で、ラットに遺伝子組み換えジャガイモを食べさせつづけたところ、免疫力の低下や内臓の障害が起きたのです。その日、この実験結果に基づいて、簡単な会見が行われました。

それ以前には、動物を用いて、遺伝子組み換え食品そのものを食べさせ、食品の安全性を評価する実験は、行われたことがありませんでした。小規模に、私的に行われたことはあったかも

しれませんが、大掛かりで公的な資金を用いて行われた最初の実験でした。その実験で、「問題あり」と出ました。博士は、そのことを重視して、あえてテレビという媒体を選んで発表したのです。後に博士は、「論文を書いた後で発表したのでは手遅れになるため、あえてテレビで発表した」と述べています。

実験は、イギリス政府の依頼で行われたものでした。ところが、その2日後に、プッシュタイ博士は「かってに発表した」という理由で解雇され、後にローウェット研究所によって、この発表を否定する見解が発表されました。

データは没収され、コンピュータにロックがかけられ、データが引き出せない状態になり、博士の実験は、その主張もろとも葬り去られようとしました。事実、一時は葬り去られた状態にありました。博士は失意のうちに野に下ったのです。私たちが手にできる資料は、その後、研究所が公表した、博士の発表を否定した見解だけでした。

いったい、この事件で何が起きていたのか。何が明らかになったのか。これについては、後で述べることにします。

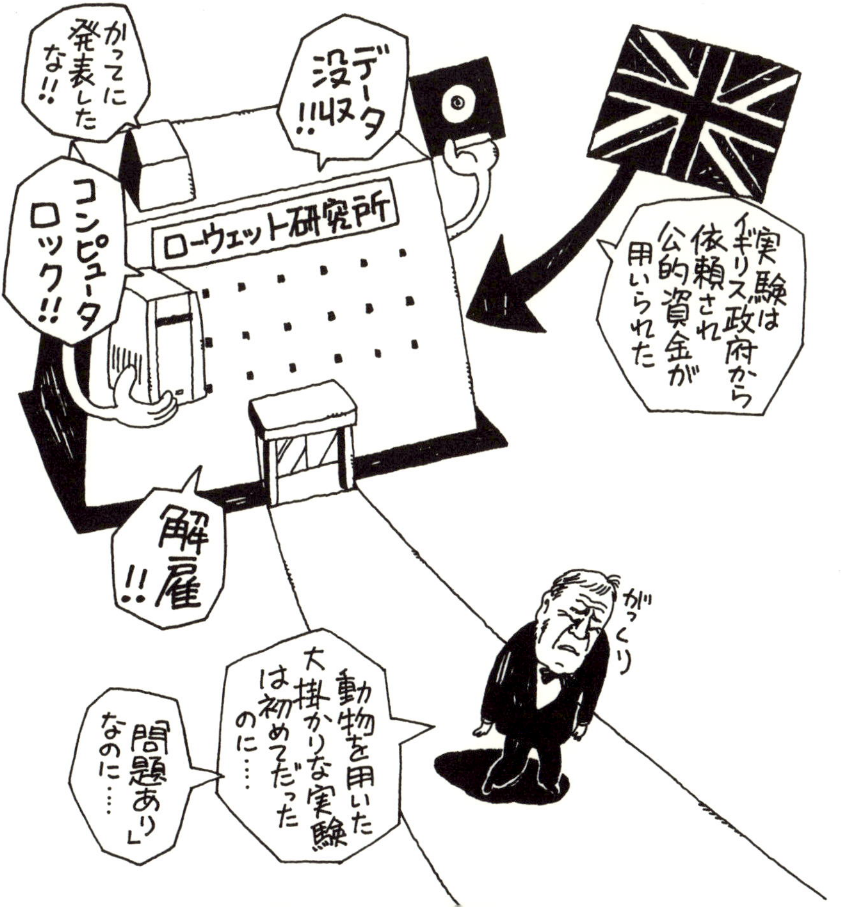

チョウの幼虫が死ぬ

もうひとつ、遺伝子組み換え食品の流れを変えた実験結果があります。米コーネル大学で行われたチョウの幼虫を用いた実験でした。同大学のジョン・ロージー博士らは、チョウの幼虫を用いて、殺虫性作物の花粉が飛び散った際の影響を実験しました。実験では、トウワタと呼ばれる植物の葉に殺虫性のトウモロコシの花粉が振りかけられました。

実験で用いたオオカバマダラは、2000キロの旅をする「黄金蝶」として、アメリカでは大切にされているチョウです。メキシコの山地の一カ所に集まり、旅を始めます。幼虫が食べるトウワタを求めて、遠くは五大湖のあたりまで旅するのです。孵化したチョウは、ふたたびメキシコの山に戻ります。

その幼虫に、殺虫性作物の花粉のついたトウワタを食べさせたところ、大量死が確認されたのです。トウワタの葉を食べたチョウの幼虫は、徐々に摂取量が減少して、やがて成長が止まり、４日後には44%が死亡しました。花粉を摂取しなかった対照群はまったく死ななかったのです。

このオオカバマダラというチョウの幼虫は、トウワタだけを食べます。しかもこの植物は、トウモロコシ畑の縁に生え、コーンベルト地帯に存在する

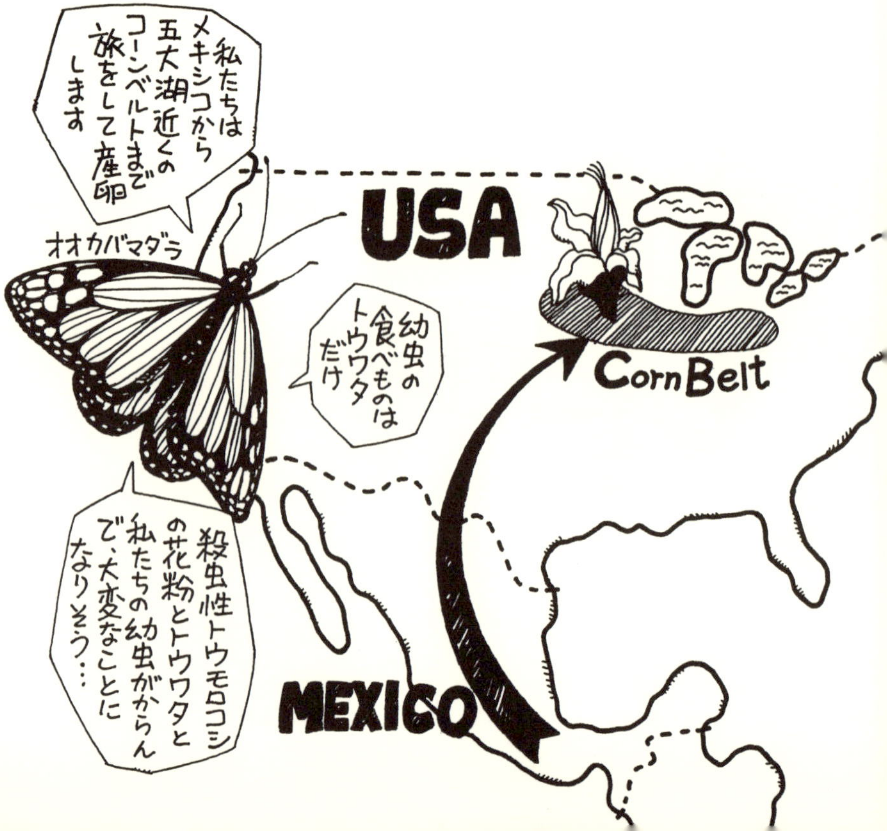

こと、トウモロコシの花粉は環境中に60メートル以上も飛散するため、大きな影響が起き得ることが分かりました。

開発企業はこれまで、殺虫毒素はトウモロコシの内部でできるため、それをかじる害虫しか影響はない、と主張してきました。殺虫毒素が環境中に広がり、影響が出ることは想定外でした。このように、食品の安全性だけでなく、環境への影響でも予期せぬことが起こることが分かったのです。

この実験結果に世界中のバイオ企業が噛みつきました。「自然界では考えられない量の花粉をまぶした」と批判と反論のラッシュが相次いだのです。企業側に立っていつも発言している研究者や評論家が、相次いで批判しました。ロージー博士の研究者生命が危ぶまれるほどでした。ここでも、プッシュタイ博士と同様に、「問題あり」と指摘した研究者を抹殺する動きが活発化したのです。

一時、ロージー博士らは、企業の圧力に屈しかけましたが、その後、正当な実験であることを繰り返し主張するようになりました。

いま遺伝子組み換え食品をめぐって、環境や食品の安全性への悪い影響が鮮明になってきました。それに対して開発企業側の激しい反撃が展開されています。まるで戦争を仕掛けているようです。

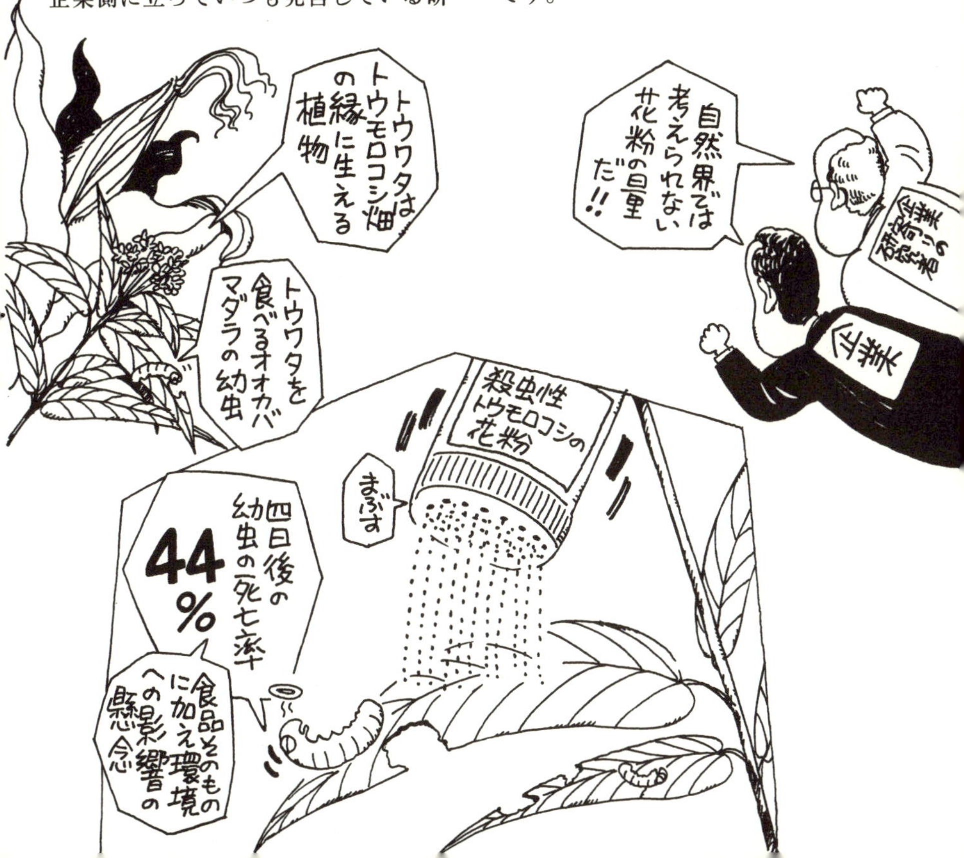

ゲノム戦争勃発

実際に戦争も起きています。世界中を席巻して、熱いゲノム戦争が勃発しているのです。ゲノムとは、全遺伝子のことです。人間の遺伝子を解読するのがヒトゲノム解析です。その他にも微生物のゲノム、植物のゲノム、家畜のゲノム、というようにあらゆる分野でゲノム解析の争いが巻き起こっています。その中の焦点の一つに、イネゲノム解析、すなわちイネの遺伝子解読があります。

戦争を仕掛けたのは、米セレーラ・ジェノミクス社。元 NIH（国立衛生研究所）でゲノム解析を行ってきた研究者 J. クレイグ・ベンターと、DNA 自動解析装置メーカーの最大手パーキン・エルマー社が組んで、98年につくられたベンチャー企業です。パーキン・エルマー社が開発した最先端の機械を使って、次々と DNA の塩基配列が読み取られています。

セレーラ・ジェノミクス社は、設立早々の98年 5 月に、すべてのヒトゲノムの塩基配列の決定を 3 年以内に行う

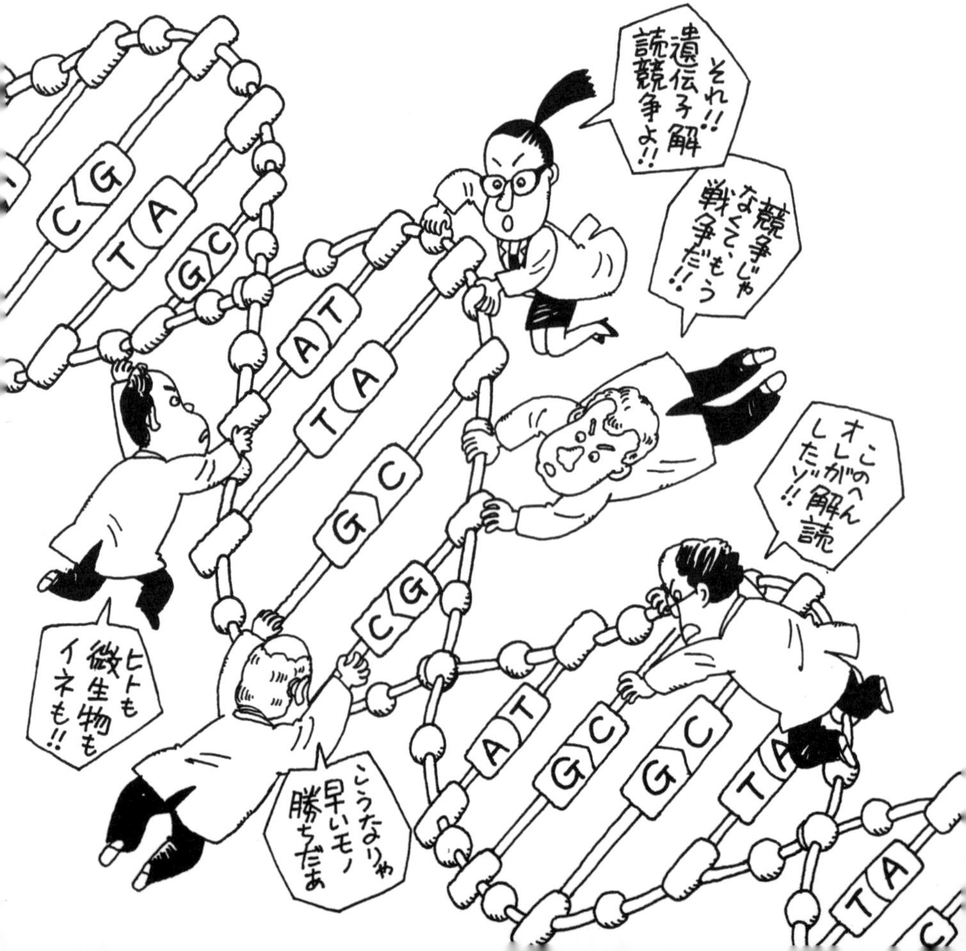

と宣言して、世界中を驚かせました。事実、2000年4月には解読終了宣言が出されました。それだけではありませんでした。イネゲノムの塩基配列の決定もまた、2年で完了させると宣言したのです。

有効な遺伝子が見つかると、イネや他の作物の品種改良に使えます。それだけでなく、遺伝子の構造が似ていることから、イネ以外の作物のゲノム解析にも役立てることができます。トウモロコシ、コムギと次々にゲノムを解析していけば、世界の食糧生産を支配できます。

どこが世界の食糧を支配できるか、世界的にゲノム解析合戦が起きた理由です。より早い解析と、解析された遺伝子を特許として権利を確保する動きが活発化しています。スピードは上がる一方です。その時、超スピードで解読を進めるベンチャー企業が出現したことに、世界中が驚いたのです。

日本でも、農水省を中心にイネゲノム解析に全力が投じられてきました。いま、世界中で巨額の投資が行われ、イネゲノム解析戦争が起きています。

21世紀はバイオの時代

産業界では、はるか以前に20世紀は終わっています。すでに21世紀に向けた競争が活発化しています。その主役こそバイオテクノロジーであり、世界中がその研究・開発に全力を挙げて取り組んでいます。

20世紀は戦争と環境破壊の世紀でした。20世紀の科学技術は、その戦争と環境破壊を土台に進歩を繰り返し、そのツケはまた人間に戻り、復讐をとげてきました。20世紀を支えてきた科学技術は、負の遺産を残したまま世紀末を迎えたのです。

20世紀は「核の世紀」といわれました。放射能が発見されてから約100年、その後、原水爆がつくられ、原発が世界中に広まりました。だが、その原発は事故の危険性を絶えず孕みながら、放射能汚染という、人類とはまったく相いれない負の遺産を今でも拡大しています。

20世紀はまた、「化学の世紀」ともいわれました。化学産業が成立してから約100年、その化学産業もまた環境ホルモンやダイオキシンという形で負の遺産を蓄積させてきました。化学物質もまた、生命とは相いれないことがはっきりしてきました。

そして、現代文明を象徴する「電気」も同様です。電気が本格的に利用

され始めてから約100年、電化こそ文明国の証しとまでいわれました。その電気も、電磁波という負の遺産をもたらしてきたことが明らかになりました。

21世紀はバイオの世紀といわれています。20世紀の科学技術にとって代わり、バイオテクノロジーこそが新しい世紀の主役に躍り出ようとしています。産官学がこぞって、全力投入で研究・開発を推し進めています。だからこそ、戦争が勃発したのです。

だが、生命を操作するこの技術は、すでに新しい環境破壊、食品汚染を引き起こしつつあります。20世紀が残した負の遺産に、新しい負の遺産が加わろうとしています。

その生命操作技術を応用した製品の代表が、遺伝子組み換え作物です。中でも、いま先進国の政府・企業がこぞって研究・開発に取り組んでいる作物が、イネです。

いま遺伝子組み換えイネの開発が活発です。また、ゲノム解析の激しい先陣争いの中心にもイネゲノム解析があり、ヒトゲノム解析とならんで、激しい戦争状態が起きています。

私たちの主食「コメ」に、何が起きようとしているのか。いま、コメが危ないのです。その実態を見ていくことにしましょう。

え!? お米になんか起こってるワケ??

第2章

遺伝子組み換え食品の危険性明らかに

遺伝子組み換えとは？

すでに多くの遺伝子組み換え食品が、私たちの食卓に登場しています。作物でいうと、ダイズ、ナタネ、トウモロコシ、ワタ、ジャガイモです。まもなく登場する作物としては、イネの他に、テンサイ、トマト、イチゴ、キュウリ、メロン、ナスなどがあります。

ありとあらゆる作物が改造の対象になっており、作物以外にも、魚や昆虫、動物を用いた遺伝子組み換え食品も登場することになります。あらゆる生物が遺伝子組み換えで改造されようとしており、それを食品に用いれば、遺伝子組み換え食品となります。

遺伝子組み換えとは、生命の最も基本の遺伝子を操作する技術です。この技術を用いると、従来不可能だった種の壁を越えて遺伝子を導入することができます。種の壁とは、生物が気の遠くなるような長い歩みを経て、進化と適応の過程で構築してきた自然の秩序です。微生物を例外として、種の壁を越えて遺伝子は移動しません。この絶対的ともいえる、種の壁を越えて遺伝子を入れられるところに、遺伝子組み換え技術の威力があるのです。

遺伝子組み換え作物とは、トマトやジャガイモなどの作物に、動物や魚、昆虫、微生物など、他の遺伝子を入れて品種の改良を行ってつくった作物です。従来の掛け合わせによる品種の改良が、種の枠内で行われてきたのと比較して、根本的に異なる方法です。そのため、これまで考えられなかった新しい性質をもった作物を作り出すことができます。

それが遺伝子組み換え作物がもつ画期的な点であり、同時にさまざまな問題点を引き起こす点でもあります。

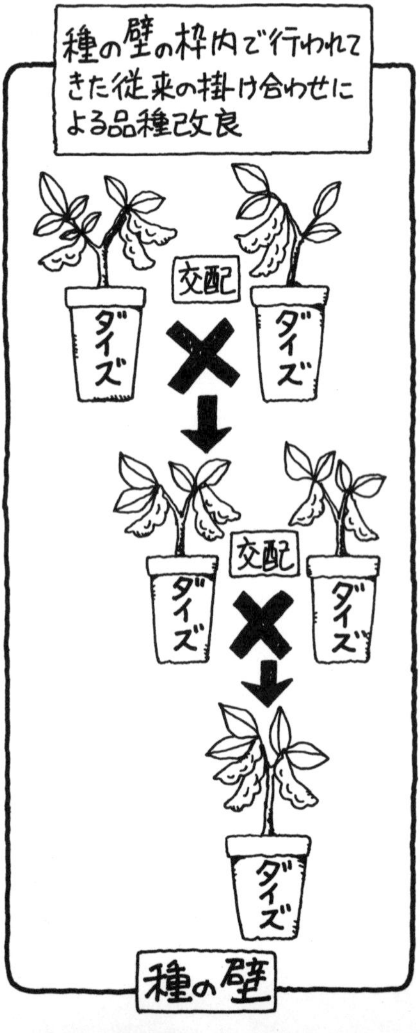

組み換え作物のつくり方（アグロバクテリウム法）

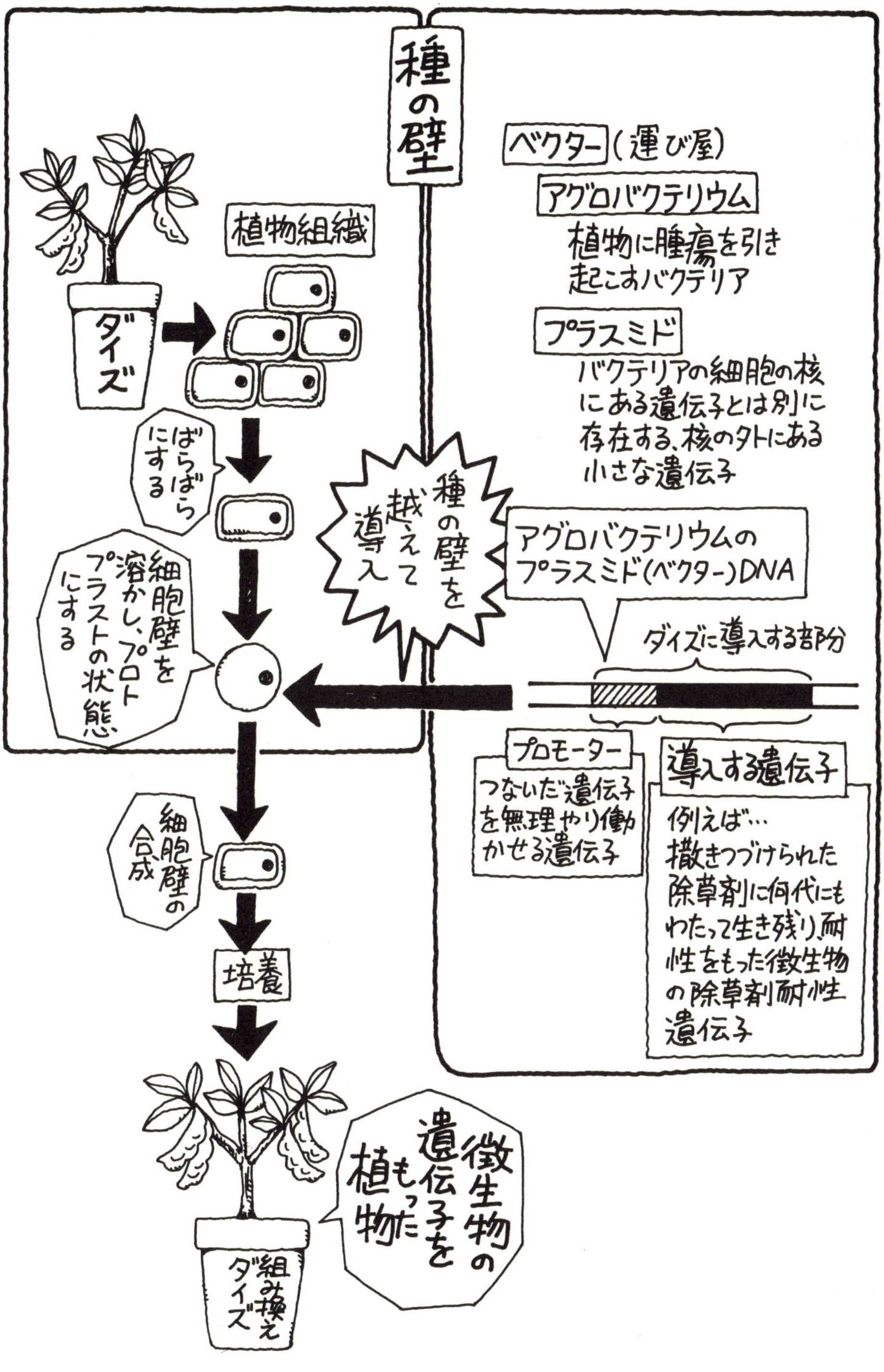

日本は最大の輸入国

とはいっても、現在のところは、まだ初歩的な応用段階であり、遺伝子組み換え作物といっても、除草剤耐性と殺虫性の二つの性質のものが大半を占めています。いずれも微生物の遺伝子を用いたものです。

現在、最もたくさんつくられている作物が、除草剤をかけても枯れない除草剤耐性のダイズや、作物自体に殺虫能力をもたせた殺虫性のトウモロコシなどです。従来の掛け合わせによる品種の改良では、できなかった作物です。

モンサント社が製造しているラウンドアップのように、植物を無差別に、根こそぎ枯らす除草剤に抵抗力をもたせると、除草剤が１種類ですみ、撒く回数が減らせることから、省力効果によるコストダウンが可能になります。それを武器に作付け面積を拡大してきました。1998年に作付けされた遺伝子組み換え作物の71%が、この除草剤耐性の性質をもった作物です。

作物自体に殺虫能力をもたせた殺虫性作物もまた、殺虫剤を撒かなくてすんだり、使用回数を減らすことができ、省力化・コストダウンをもたらし、こ

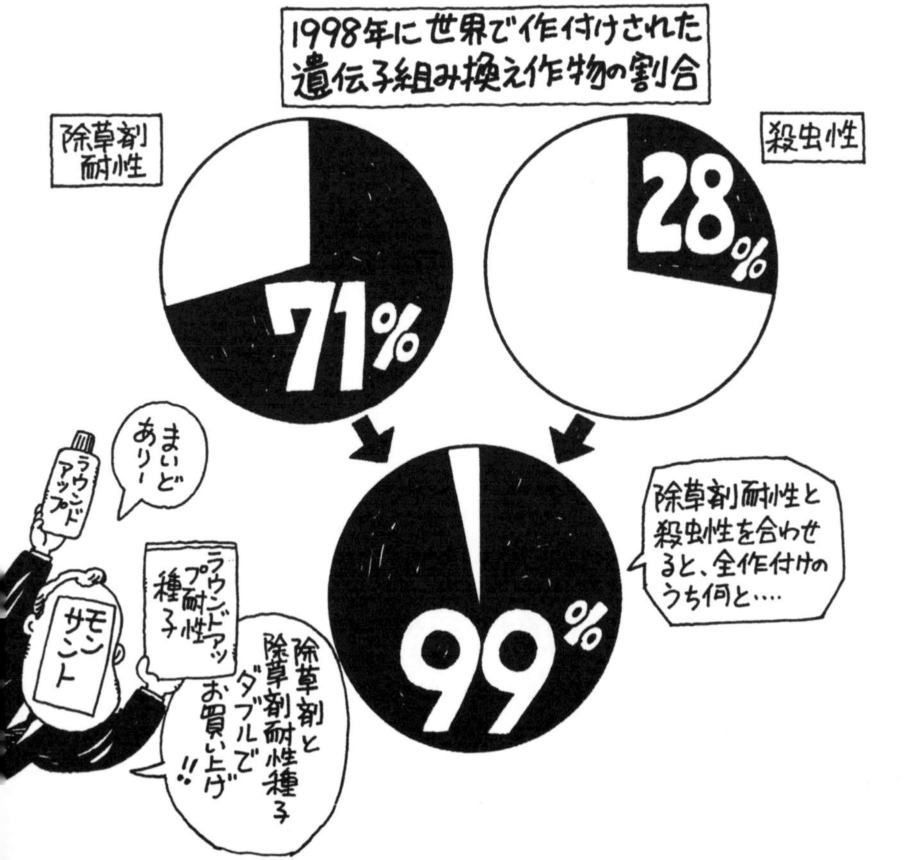

れまた作付け面積を拡大してきました。98年に作付けされた遺伝子組み換え作物の28%が、この殺虫性の性質をもった作物です。除草剤耐性と殺虫性を合わせて99%にまで達しています。

遺伝子組み換え作物は、このように省力化・コストダウンで威力を発揮している反面、種の壁が崩壊することで、自然界の秩序が破壊され、環境や食品の安全性に影響が出るという点が問題になっています。

99年の日本への遺伝子組み換え作物の輸入推定額は、ダイズが約800億円で輸入ダイズ全体の約４割に達しています。現在、国産ダイズはほとんど豆腐に使用されていませんから、豆腐を10個並べると、４個がまるごと遺伝子組み換えダイズでつくった豆腐ということになります。トウモロコシが約600億円で、輸入の約２割。ワタが約180億円で、輸入の２割５分。ナタネが約340億円で、輸入の４割に達しています。輸入額総計が1920億円。日本は、遺伝子組み換え作物の最大の輸入国なのです。現在、世界で最も食品として体内に入れているのが、私たち日本人なのです。だからこそ、食品としての安全性が問題になってくるのです。

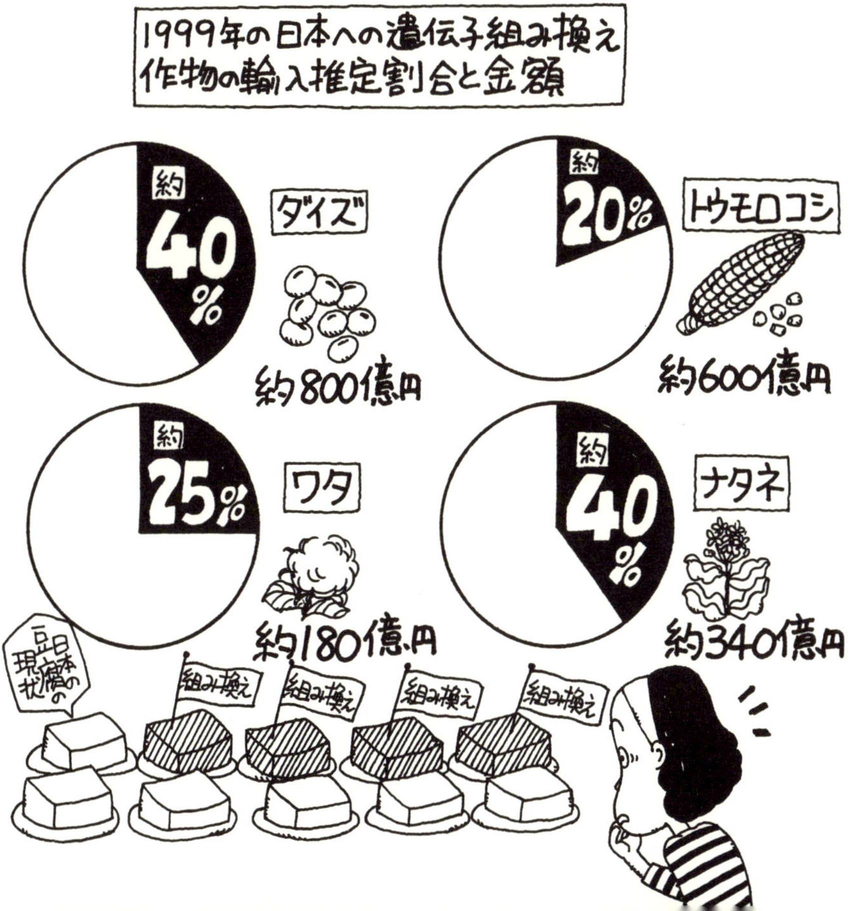

プッシュタイ事件、その後

98年8月10日、遺伝子組み換え食品の安全性に問題があるという実験データを示し、世界的に波紋を投げ掛けた、アーパッド・プッシュタイ博士のテレビでの会見は、その後どのような経緯をたどったのでしょうか。

番組はグラナダ・テレビの「ワールド・イン・アクション」で、時間は2分30秒という短いものでした。博士は、後に「論文を発表してからでは、さらに2〜3年かかり、その間に遺伝子組み換え食品が出回ってしまう。私たちが行ったような動物実験を経ないでどんどん食品が流通するからだ」と発言しています。いち早く警告を行うために、テレビという媒体を選んだのです。

プッシュタイ博士がテレビで発表した後、研究所には、世界中から問い合わせが殺到しました。研究所は、博士の見解を否定しました。その後、博士らのデータは没収され、コンピュータにはロックがかけられ、博士は失意のうちに野に下ったのです。

その後、博士の研究結果を葬り去る動きだけが活発になりました。とくに悪質だったのは、ローウェット研究所がプッシュタイ博士の実験自体を、意図的に間違って伝えたことでした。

実際の主実験は、マツユキソウのレクチン遺伝子（凝集素GNA）を用い

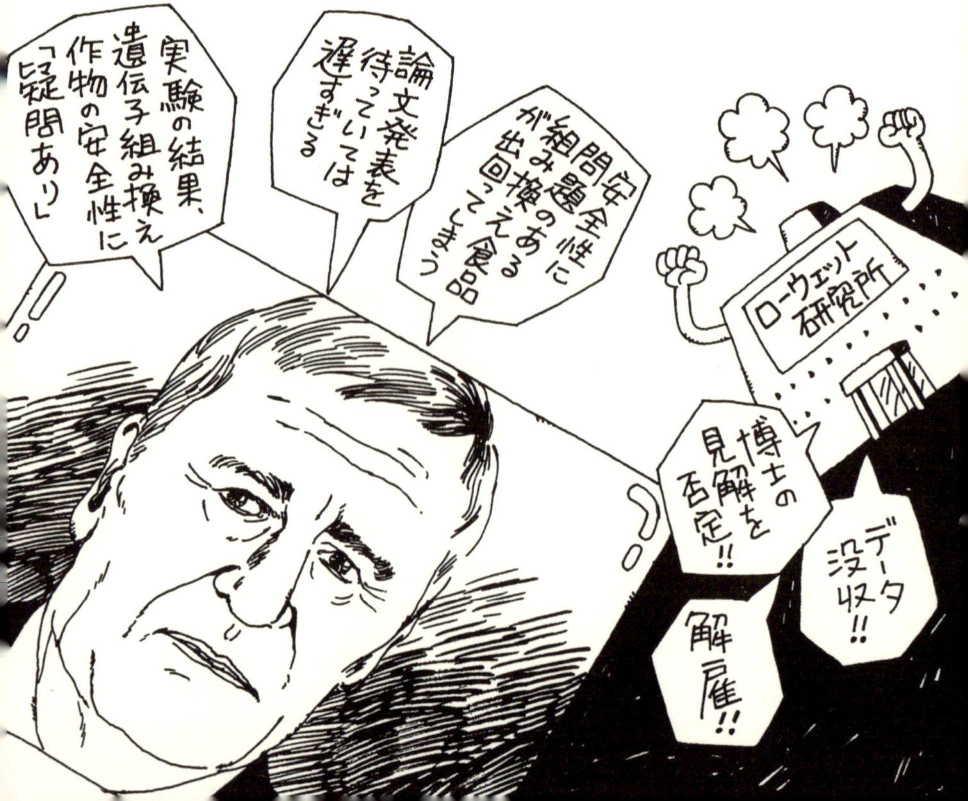

て行われました。しかし、研究所は、タチナタマメのレクチン遺伝子を用いたと発表しました。このタチナタマメのレクチン遺伝子がつくり出す蛋白質のコンカナバリンＡは、有害物質として有名です。実験でラットに影響が出て当たり前です。有害物質をつくる遺伝子を用いた実験だから影響が出るのは当たり前、という情報を意図的に世界中に流したのです。レクチンとは、免疫システムをもたない生物がもつ自分を守るための物質です。

日本でも、企業寄りの姿勢をとっている研究者や、農水省・厚生省の役人が、プッシュタイ博士の実験に対して、「タチナタマメのレクチン遺伝子を用いた以上、ラットに影響が出ても当たり前」という見解を述べるようになったのです。

その後、プッシュタイ博士が研究所に提出した論文や、博士の日本での講演、『ランセット』誌に投稿された論文などが明らかになり、研究所の発表したニセ情報が覆されていきました。主実験はマツユキソウのレクチン遺伝子を用いたジャガイモで行われました。タチナタマメのレクチンは、本試験の前に、どのレクチン遺伝子を選ぶかを決める、予備段階の実験で用いられたものでした。

どんな実験だったのか

博士は二つの予備実験を行っています。一つは、どの遺伝子を用いるかを決めるための実験です。四つのレクチンが比較されました。その結果、ラットにほとんど影響がなかったマツユキソウのレクチンの遺伝子が、本実験で用いられることになりました。

マツユキソウのレクチンは、もともと人間やラットにほとんど影響しないことで知られており、予備実験の段階でも影響が確認されませんでした。タチナタマメのレクチンを用いた実験は、ラットに大きな影響が出ました。

次に行われた予備実験は、ジャガイモの比較です。実際に作付けされているジャガイモを用い、そのジャガイモと、そのジャガイモからつくりだした遺伝子組み換えジャガイモとが比較されました。遺伝子組み換え技術は、最も普及しているアグロバクテリウム法で行い、抗生物質耐性遺伝子が確認のために用いられました。

栽培条件を同じにして、普通のジャガイモと、そのジャガイモからつくった遺伝子組み換えジャガイモが比較されました。その結果、蛋白質、脂肪などさまざまな成分が分析されましたが、両者の間には明らかな違いが生じていました。

博士は、これによって、遺伝子組み換え作物と普通の作物は、成分組成が明らかに異なり、実質的に同じとはいえないという点を指摘しました。これは安全性を考える際に大変重要な指摘です。これまでの遺伝子組み換え食品の安全性評価の基本が、従来の作物と比較して「実質的に同等」かどうかを見ることだからです。この評価の方法は、日本だけでなく世界中でとられているものです。すなわち、とても実質的に同等とはいえず、いまの安全性評価の方法は間違っている、という指摘だったのです。

以上のような予備実験を経て、マツユキソウのレクチン遺伝子を用い、ジャガイモをラットに食べさせる本実験が行われました。

本実験の前に私は二つの予備実験を行いました

第1の予備実験 → 4つのレクチン遺伝子の比較

Aレクチン遺伝子（マツユキソウ）

Bレクチン遺伝子（タチナタマメ）

Cレクチン遺伝子

Dレクチン遺伝子

○ 影響が確認されなかったので実験に採用 → 本実験へ

＋ 大きな影響が出たので実験には不採用

ローウェット研究所が指摘したタチナタマメ由来のレクチン遺伝子はこの段階で不採用となっている

第2の予備実験 → 普通のジャガイモと組み換えジャガイモの比較

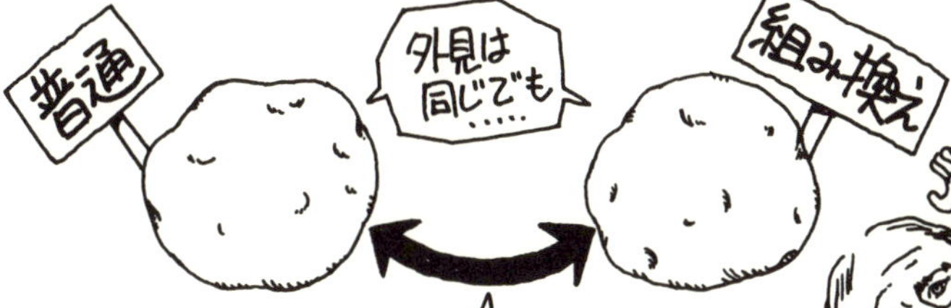

蛋白質、脂肪などさまざまな成分に明らかな違いあり!!

これでは「実質的に同等」とはいえない

「実質的に同等」とは…

［OECD（経済協力開発機構）が打ち出した食品の安全性評価基準］

従来のジャガイモも組み換えジャガイモも「同じ品種」で、「新しい品種」ではないから、安全性チェックはいらない、とする考え方

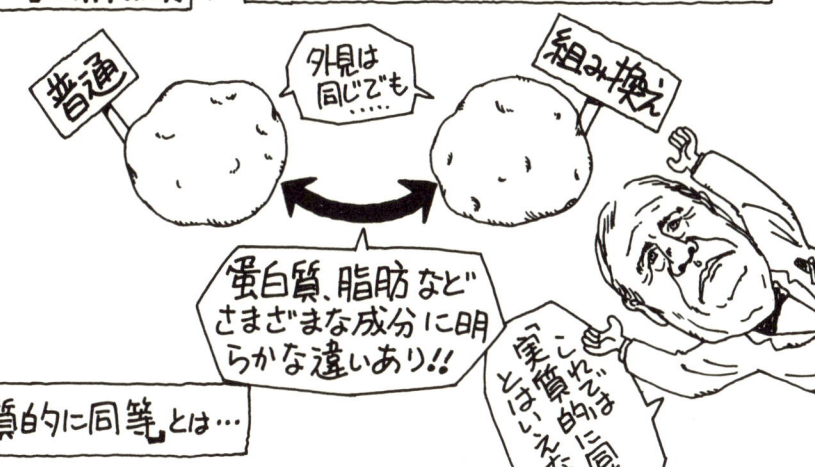

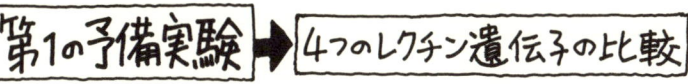

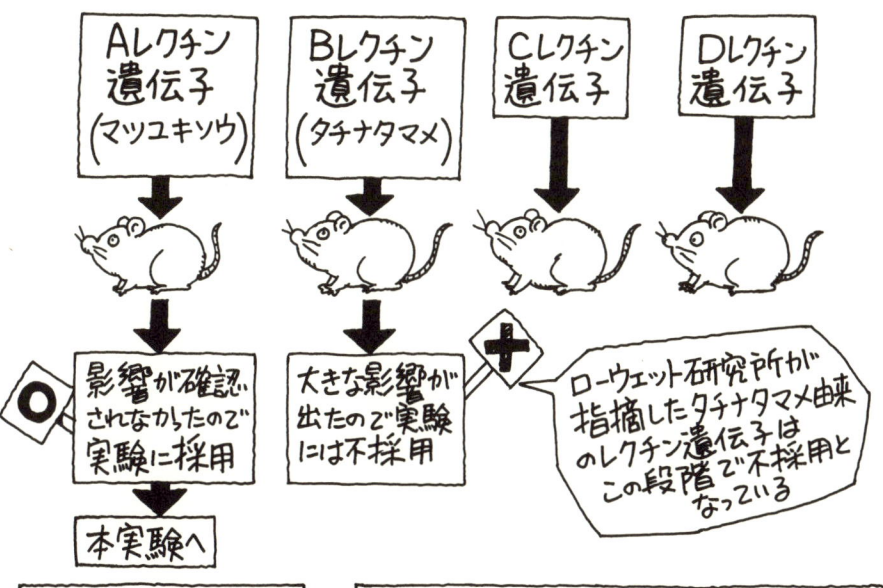

明らかになった危険性

ラットは三つの集団に分けられました。第1の集団には、遺伝子組み換えジャガイモを食べさせました。すなわちマツユキソウのレクチン遺伝子を導入したジャガイモを食べさせたのです。第2の集団には、ジャガイモにマツユキソウのレクチンを注射針で注入して食べさせました。第3の集団は、対照群として、普通のジャガイモを食べさせました。その三つの集団をさらに、短期と長期の両方で実験しました。

ジャガイモも、生のものと加熱処理したものを食べさせました。このように多様な側面から、パターンを変えて実験したのです。世界で初めて行われた、遺伝子組み換え食品そのものを食べさせる本格的な実験でした。

これまで、このような実験はほとんど行われてきませんでした。すなわち、事前に、遺伝子組み換え食品そのものを動物に食べさせる実験も行わずに、世界中の人達に食べさせてきたのです。これは人体実験です。

遺伝子組み換えジャガイモを食べさ

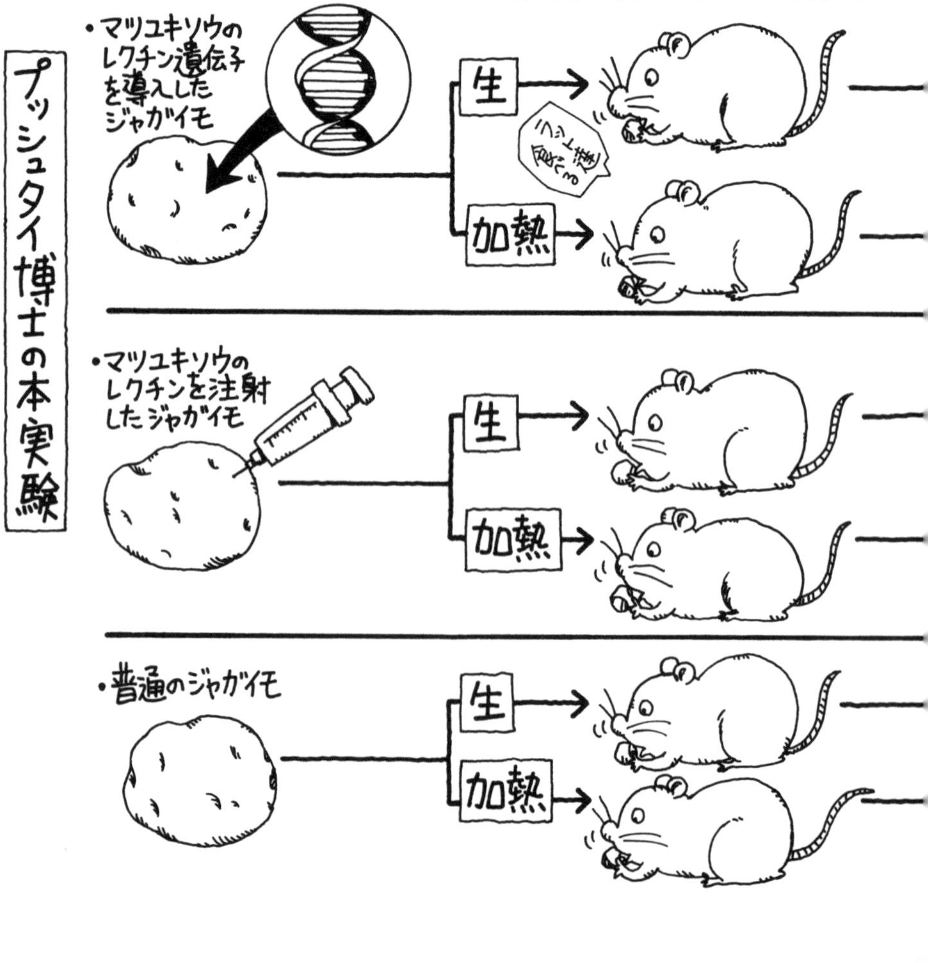

せた集団と、ジャガイモにレクチンを注射針で注入した集団で、肝臓の重量低下が見られています。これは、レクチンがもたらしたと考えられます。

それ以外の影響は、すべて遺伝子組み換えジャガイモを食べさせた集団だけで起きていました。すい臓の重量増加、胃の粘膜の厚み増加などの内臓の細胞の増殖が起きていました。リンパ球の増加も見られました。遺伝子組み換えジャガイモの影響で、内臓の異常と、免疫システムの異常が起きたのです。

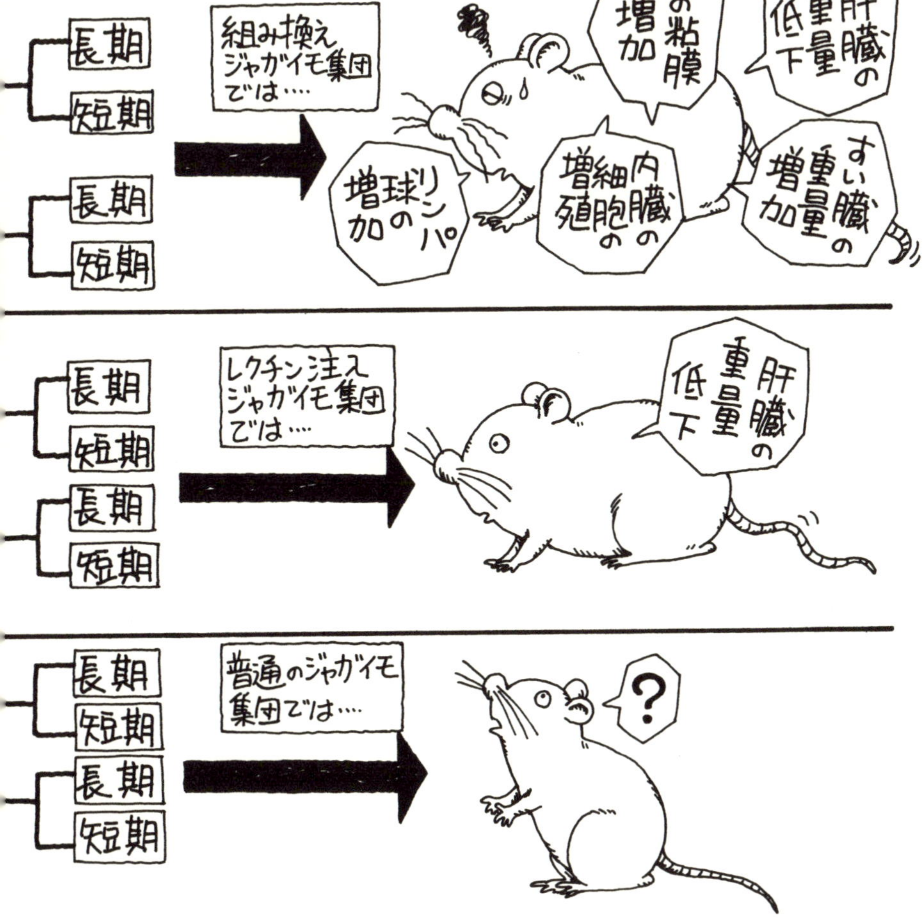

組み換え技術そのものが問題

　なぜ遺伝子組み換えジャガイモを食べさせたラットに異常が起きたのか。レクチン遺伝子がつくり出すレクチンそのものが原因とは考えられません。肝臓の重量低下以外は、レクチンそのものを食べさせたラットに影響が出ていないからです。遺伝子組み換え技術そのものが、何らかの影響をもたらしたといえます。

　その点について博士は「遺伝子組み換え技術が、何か予期しない問題をもたらしたからでしょう」と述べました。その「何か」について質問したところ、博士は慎重で、「それは現段階では何ともいえない」と答えました。

　この点について、99年５月に来日したイギリスの科学者メイワン・ホー博士は、「遺伝子組み換えで用いられるプロモーターに原因があるのでは」と述べました。遺伝子組み換え技術は、種の壁を越えるため、遺伝子を無理やり導入し、無理やり働かさなければなりません。

　そのため、導入する遺伝子のベクター（運び屋）としてバクテリアのプラスミドが用いられ、バクテリアによって細胞内に入れられます。さらに、遺伝子組み換えがうまくいったかどうかを見分ける抗生物質耐性遺伝子も一緒にくっつけて入れられます。

　しかも、通常、他の生物の遺伝子を

入れても、容易に働いてはくれません。その生物には不要な遺伝子であり、不要な蛋白質がつくられるからです。それを無理やり働かせるために、プロモーターと呼ばれる、遺伝子を起動させる遺伝情報を付け加えています。

そのプロモーターに、ウイルスの遺伝子が用いられています。現在最も使われているプロモーターは、カリフラワー・モザイク・ウイルスの遺伝子（35S プロモーターと呼ばれる）です。カリフラワーなどにモザイク病という、葉や茎などに斑点が出る最もポピュラーな病気を引き起こす、このウイルスの遺伝子を用いないと、うまく働いてくれないのです。

ホー博士は、問題は、このウイルスの遺伝子にある、と指摘しました。このウイルスの遺伝子は、導入した遺伝子以外の遺伝子を起動させるため、遺伝子が入る場所によっては有害な物質をつくり出す危険性が、かねてから指摘されていました。

しかも、このプロモーターは、実は現在つくられ、販売されている、ほとんどすべての遺伝子組み換え作物に用いられているのです。プッシュタイ博士の実験結果は、現在作付けされ、販売されている、遺伝子組み換え食品の安全性に疑問を投げ掛ける、衝撃的な内容だったのです。そのため、博士の解雇、実験結果を否定する動きが活発になったのではないかと、思われます。

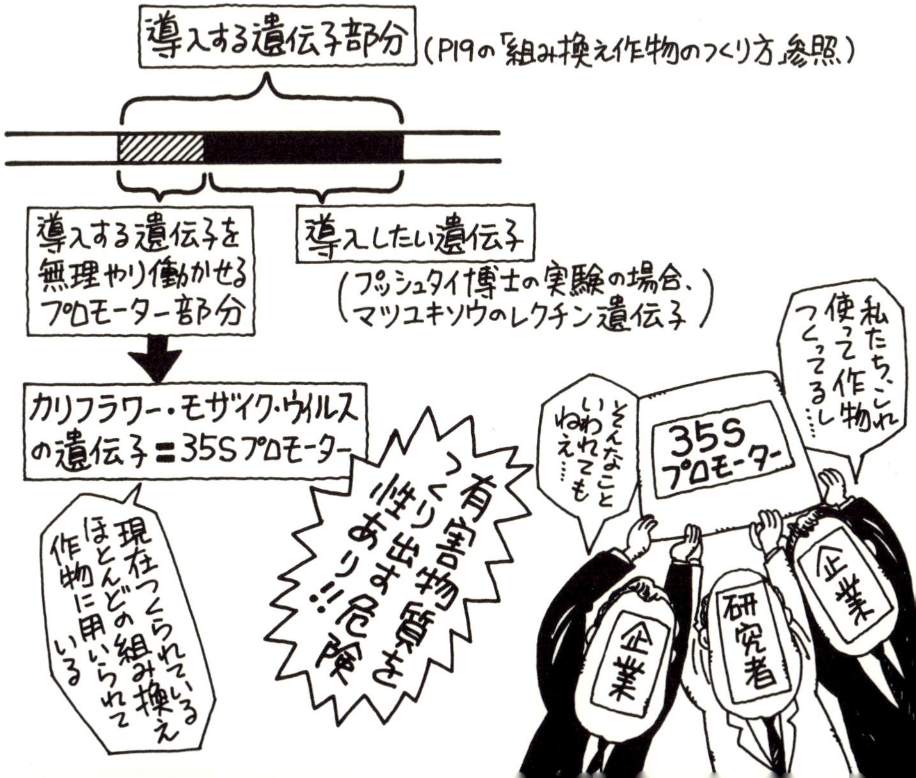

訴えられたモンサント社

このプッシュタイ博士の解雇で暗躍したのが、米モンサント社だったという噂がひろがっています。というのは、このカリフラワー・モザイク・ウイルスの35Sプロモーター遺伝子の特許を持っているのが同社であり、同社にとっては致命的な実験結果だったからです。同社は、ローウェット研究所に多額の資金を提供していました。

遺伝子組み換え作物の分野で独占的な地位を築いてきたモンサント社は、以前から、さまざまな社会的軋轢を引き起こしてきた企業です。同社の最大の犯罪の一つが、ベトナム戦争で用いられた枯れ葉剤づくりです。高濃度のダイオキシンを含むオレンジ剤を最も多くつくった企業です。その結果、多額の賠償金を支払うことになりました。その他にも、マスコミへの圧力、出版妨害の噂など、繰り返される悪行の数々が、同社を世界で最も評判が悪い企業のひとつにしました。

訴訟を起こしたり、起こされたり、絶え間なく裁判を抱えつづけてきたモンサント社が、99年末に、また集団訴訟を起こされました。しかも今回は、主力商品である遺伝子組み換え作物そのものの是非が問われ、大きなダメージもたらしかねない訴訟です。

訴訟を起こしたのは、全米家族農業者連合と環境保護団体エコノミック・トレンド基金です。訴えた理由は、モンサント社が、デュポン社などと共謀して、遺伝子組み換え種子の価格をつり上げたため損害を被ったということ。環境や人体への安全性を十分に確認せず販売したため、消費者の反発を招き販売減につながり、損害を被ったということ。この二つです。

訴訟の中心になって動いたのが、『エントロピーの法則』の著者として有名な、エコノミック・トレンド基金の会長ジェレミー・リフキンです。遺伝子組み換え作物に特化して開発を進める、モンサント社の戦略の破綻となるか、訴訟の行方が注目されています。

アイオワ大学経済学部のマイク・ダフィー博士は、州内365のダイズ畑と377のトウモロコシ畑を無作為抽出して、遺伝子組み換え作物と通常の品種とを比較調査しました。その結果、除草剤耐性ダイズでは、1エーカー（約40アール）当たり、コストは9ドル減少しましたが、収入も10ドルダウンしたため、1ドルの損失だったのです。殺虫性のトウモロコシの場合、1エーカー当たり、収入は24ドル増えたのですが、コストも20ドル増えたため、わずか4ドルの利益にとどまりました。遺伝子組み換え作物は、経済的に合わないことが示されました。

第3章

遺伝子組み換え食品の表示

表示なしで流通を始める

遺伝子組み換え食品の、日本への輸入が認められたのは、1996年9月。まずダイズ、ナタネ、トウモロコシ、ジャガイモの4作物でした。最初から、「遺伝子組み換え作物使用」などの表示はありませんでした。そのため、消費者は選ぶことができず、拒否することが、事実上困難でした。

遺伝子組み換え食品が表示もされずに流通を始めたのは、最大の食糧輸出国アメリカが、貿易で制約を受けるのを嫌い、自らの主張が通りやすいOECD（経済協力開発機構）を媒介に、強引に表示をさせない方針を貫いたからです。日本政府も、アメリカからの作物輸入を促進するため、表示なしの方針を受け入れました。

表示問題は、安全性と密接なかかわりがあります。遺伝子組み換え作物の安全性を決定する方法として、「実質的同等」という考え方がとられてきました。これは、従来、それに類似の作

物があれば、それと実質的に同等かどうかを考察することであり、実質的に同等と決定されたならば安全性への懸念は問題ない、という考え方です。

例えば、遺伝子組み換えダイズは、従来からつくられてきたダイズがあり、遺伝子組み換えダイズと従来のダイズを比較してほとんど同じと判断されれば、安全性評価としてはそれで十分だ、という考え方です。表示も、実質的に同じものならば、表示の必要はない、ということで表示されずにきました。

この「実質的同等」の考え方は、OECD が打ち出した考え方です。OECD は、先進29カ国の政府間協議の機関であり、先進国クラブといわれ、第三世界など大半の国を排除した国際組織です。先進国の利害を調節し、経済活動の活発化を目的とした組織です。経済性を優先させれば、安全性は軽視されることになります。そのため作物や食品の安全性問題を検討するには、ふさわしくない組織が検討を行ったことになります。

すり替えの論理

そのOECDが、1983年に、科学技術政策委員会の中にバイオテクノロジー安全性専門委員会（GNE）を創設しました。そのGNEが「組み換えDNAの安全性に関する考察」をまとめたのが88年。この考察の中で、遺伝子組み換え技術を用いて遺伝的に改造された植物について、「組み換えDNA技術は従来の育種法を拡大したもの」である、という考え方が打ち出されるのです。

すなわち、従来の品種の改良と、遺伝子組み換えによる品種の改良は差がなく、特別扱いする必要がない、というのです。種の壁を越えて遺伝子を導入して改造する作物と、種の壁の範囲内で交配によって改良する作物は、根本的に異なるはずです。それを「差がない」としたのです。この論理こそ、経済性を優先させた、すり替えの論理でした。

GNEは88年から、遺伝子組み換え食品の安全性に関する検討を始め、その考え方をまとめたのが92年で、それが翌93年に発表されました。その考え方の中で打ち出された最も重要な概念が「実質的同等」でした。

これが先ほど述べた、同じ作物がある場合、既存の作物と実質的に同じと考えられれば、さらなる安全性での懸念は重要でないとみなされる、という論理です。88年に発表された、特別扱

いする必要がないという考え方を、食品の安全性にまで拡大解釈したのでした。これは、安全性を確認する論理ではなく、安全性を評価する必要がない、という論理です。

なぜこのような、安全性評価「不必要」の論理がまかり通ったかというと、アメリカの食糧戦略が優先されたからです。OECD の決定ということで、日本だけでなく、ヨーロッパ、オセアニアの国々の政府もまた、この考え方を受け入れました。人々の健康、環境への影響よりも、食糧戦略という、経済性が優先されたのです。

こうして世界中で、アメリカが主導して打ち出された、この安全性評価「不必要」の論理に基づいて、安全性評価を省略する方法が取り入れられたため、安全性が確認されない状態で、世界中を遺伝子組み換え作物が流通し、人体実験が始まりました。しかも、この「実質的同等」という考え方に基づいて、遺伝子組み換え食品と通常の食品を区別する必要がないことになり、表示も必要ないとされたのです。表示を行わなくなった理由もまた、この実質的同等という考え方に規定されました。

『ネイチャー』誌99年10月7日号で、イギリスのエリック・ミルストンらによって、「実質的同等を超えて」という論文が発表されました。この実質的同等概念を真正面から批判したものです。いまや多くの科学者によって、この概念は否定されています。

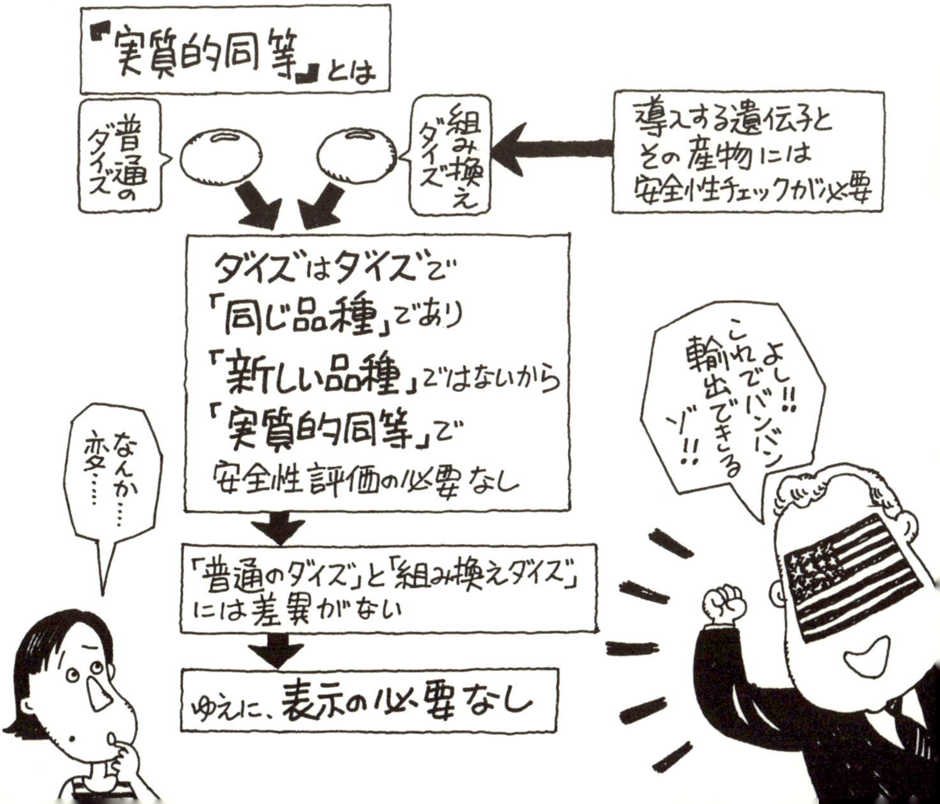
『実質的同等』とは
普通のダイズ
組み換えダイズ
導入する遺伝子とその産物には安全性チェックが必要
ダイズはダイズで「同じ品種」であり「新しい品種」ではないから「実質的同等」で安全性評価の必要なし
「普通のダイズ」と「組み換えダイズ」には差異がない
ゆえに、表示の必要なし
なんか……変……
よし!! これでバンバン輸出できるゾ!!

世界の消費者が立ち上がる

くり返しますが、遺伝子組み換え食品に表示が行われなかったのは、実質的に同等なものを特別に扱う必要はない、という考え方に基づいたのです。安全性が確認されていない遺伝子組み換え食品が、表示なしで世界中を流通し始めました。消費者は、安全性に疑問をもっていても、表示がないため選択すらできませんでした。世界中の消費者が、選ぶ権利を求めて立ち上がりました。

遺伝子組み換え食品に表示をさせるように、最初に動いたのがヨーロッパでした。ヨーロッパを流通する食品に表示を義務づけることを決定しました。問題は、表示の方法でした。アメリカの国内で収穫後、遺伝子組み換え作物と通常の作物が混ぜられ出荷されるため、事実上、表示の方法が難しかったからです。そこで、最初に提案されたのが、遺伝子組み換え作物を「含む」「含まない」「含むかもしれない」という3段階表示でした。

「含むかもしれない」という表示は、流通の現状を肯定した曖昧表示です。しかし、この曖昧表示を用いると消費者の権利が守られない、と否決されました。98年5月26日に正式に、「含む」「含まない」の分かりやすい2段階表示が可決・成立し、98年9月より発効となりました。これによって、ヨーロッパでは、遺伝子組み換え食品は「含む」「含まない」の2段階で表示を行わなければいけなくなったのです。

その後、すでに述べた、米コーネル大学で行われた実験で、蝶の幼虫が死ぬ確率が高いことが示されたり、英プッシュタイ博士の実験でラットに影響が出るなど、遺伝子組み換え作物の環境への影響や、食品の安全性への疑問

が広がってきました。

現在、ヨーロッパで認められている遺伝子組み換え作物の品種はわずかで、ほとんど輸入もされていません。そのため、ヨーロッパ全体で遺伝子組み換え食品はほとんど出回っていません。

その上、99年6月24日、25日にルクセンブルクで開催されたEU環境大臣理事会で、遺伝子組み換え体の環境中への放出の規制強化が打ち出され、これまで認められた以外の、新規の遺伝子組み換え作物のヨーロッパへの輸入や、ヨーロッパでの作付けが、事実上凍結されることになりました。ただでさえ、わずかしか出回っていない遺伝子組み換え作物の流通が、さらに抑制されることになりました。

オーストラリア・ニュージーランド政府は、最初、表示なしの立場でのぞもうとしていました。消費者がその立場をひっくり返し、98年12月に食品基準協議会が表示を義務づける決定を行いました。韓国は「組み換え食品表示義務法」という法律で表示を義務づけました。

インドではアンドラ・プラーデッシュ州が98年から組み換え作物の栽培を全面禁止にし、スリランカが輸入や作付けを禁止にするなど、アジアでの反対運動が広がっています。日本でも農水省によって表示案が示され、結局、生産国であるアメリカ合衆国とカナダ、南米の生産国を除いて、世界各国は表示に向かって動き出しました。しかも、南米のブラジルは、99年1月にリオ・グランデ・デル・スル州が組み換え作物を作付けさせないことを宣言するなど、反対運動が広がっています。アメリカ国内においてさえ、消費者団体CSPI（公益のための科学センター）などが、表示を求める運動をくり広げ始めています。

生物多様性条約とコーデックス委員会

そのほかの国でも反対運動は広がっています。世界の消費者の運動が、アメリカの食糧支配に抵抗する第三世界の人々と結びついて、遺伝子組み換え作物に対する反対運動を拡大してきました。その成果が、表示の広がりであり、生物多様性条約での国際的な取引規制の成立です。

2000年1月29日に、カナダのモントリオールで開かれていた、生物多様性条約に基づく特別締約国会議で、第三世界が強く成立を求めていた、遺伝子組み換え生物の国際取引に関する規制を認めた「バイオセーフティー議定書（カルタヘナ議定書）」が採択されました。

これは、99年2月に南米コロンビアのカルタヘナで開かれた臨時国際会議で、遺伝子組み換え生物の取引の規制が話し合われ、議定書づくりが合意されたのを受けたものです。遺伝子組み換え生物が生態系を破壊する危険性があり、それを防ぐため、作物や種子の貿易に歯止めをかけるのが目的で採択されました。これによって、遺伝子組み換え作物・種子の輸入禁止措置も可能になりました。

遺伝子組み換え食品の表示問題では、欧米間の対立が先鋭化するとともに、世界中に広がった表示を求める運動に対応するため、国際組織であるコーデックス委員会の食品表示部会もまた、表示に関する議論を進めてきました。

遺伝子組み換え作物 初の国際規制

輸入禁止措置、可能に

議定書採択

情報公開義務

種子輸出は同意必要

【モントリオール29日＝辻篤子】遺伝子組み換え生物の国際取引に関する初めての規制である「バイオセーフティー議定書（カルタヘナ議定書）」が二十九日、カナダで開かれていた生物多様性条約に基づく特別締約国会議で採択された。遺伝子組み換え技術を使った作物や微生物が国境を越えて生態系をかく乱することを防ぐのが目的。種子などについては輸出国と輸入国の間で事前同意手続きが義務付けられ、輸入国が輸入禁止の措置をとることもできる。（3面に解説）

コーデックス委員会とは、すでに述べたように、国連食糧農業機関（FAO）と世界保健機関（WHO）の下部組織に当たり、食品の規格を決め、執行する機関です。

コーデックス委員会は、カナダに本部が設置され、事務局の主導権は米国・カナダがとってきました。そのため当初提出された事務局案も、米国・カナダ寄りのもので、「表示なし」でした。それに対して、ヨーロッパや第三世界が反発しました。1999年4月27～30日、カナダのオタワで開かれた会議では、アメリカとヨーロッパの対立がさらに先鋭化しました。

そのため、99年6月28日～7月3日にかけてローマで開かれた総会では、食品表示部会とは別に作業部会をつくることが提案されました。提案国は日本。それに基づいて、遺伝子組み換え食品の安全性に関する検討委員会が設置されました。実務を進める作業部会の設置です。その検討委員会の最初の会合が、2000年3月に千葉市の幕張で行われたことはすでに述べた通りです。

99年6月18～20日にドイツのケルンで開かれたサミット（先進国首脳会議）で、フランスのシラク大統領は、遺伝子組み換え食品を念頭において、「世界食品安全委員会」の設立を提唱しました。これらに対して、アメリカ、カナダが反対、設立は見送られましたが、OECDに対して、新食品・飼料の安全性に関する検討を差し戻したのです。

日本政府も動く

日本でも東京都議会など1000を超える自治体が、表示を求める決議を行いました。このような国内外の動きに対応して、日本では農水省が表示の検討を開始した。JAS 法（農林物資の規格化及び品質表示の適正化に関する法律）の枠内で表示に取り組むことになったのです。

農水省は繰り返し、この表示問題を「安全性の問題とは切り離して、消費者の選ぶ権利の立場から取り組む」と述べています。遺伝子組み換え食品に表示なし、としたことは、「実質的同等」という安全性評価の方法と密接に結びついていることを、すでに述べました。しかし、農水省はこの関連性を避けて、表示に取り組んだのです。

とはいっても、農水省官僚は、遺伝子組み換え食品は安全である、という認識に基づいて表示案をつくり上げています。2000年２月23日に平塚市で開かれたシンポジウムで、農水省で表示づくりを担当した川村和彦・食品流通局品質課食品表示対策室課長補佐は、「遺伝子組み換え食品の安全性は問題ないと考えており、環境への影響も考えられず、懸念する材料はない」ことを強調しました。表示案を作った本人

が、安全だと思って取り組んだのですから、結果的に中身が甘くなるのは必然でした。

日本での表示問題の経緯を述べておきましょう。消費者が中心になって、表示を求める運動を展開してきました。その運動は、地方議会への働きかけを強め、都道府県議会、市町村議会が相次いで、表示を求めた陳情や請願を採択しました。その数は全国の自治体の３分の１を超え、それらが国会、厚生省、農水省に提出され、やっと国会と農水省に表示を検討する委員会がつくられました。まったく動こうとしなかったのが厚生省でした。

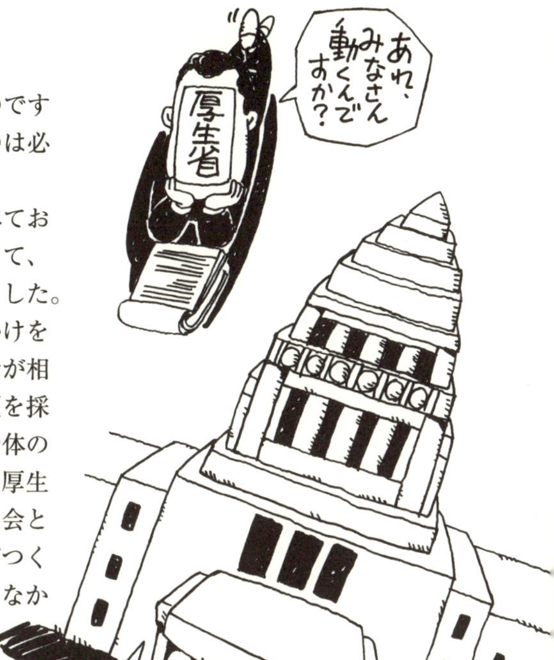

農水省表示の問題点

　農水省での作業が始まりました。98年８月27日、同省・食品表示問題懇談会・遺伝子組換え食品部会の第11回会合で、遺伝子組み換え食品に対する表示制度の提案が行われました。表示を義務づけるＡ案と、任意とするＢ案の二つの案が出され、検討に入りました。

　農水省が、表示案を提示して意見を募集したところ、１万を超える意見が寄せられ、その大半が義務表示を支持しました。この段階で農水省が提示した表示案には、二つの問題点がありました。ひとつは、「使用、不使用、不分別」という３段階表示を取っている点です。「不分別」というのは、現在の状況を肯定した表示方法です。アメリカから日本に出荷する際に、遺伝子組み換え作物と非組み換え作物を混ぜるため、事実上ほとんどの輸入作物を用いた食品が「不分別」になってしまいます。そのため意味のない表示の方法なのです。ヨーロッパでは、最初入れられていましたが、後に取り除かれ、「含む」「含まない」の２段階表示になった経緯があることは、すでに述べました。

　もう一つの問題点が、遺伝子組み換え食品か否かを検証できない食品の場合は、表示する必要がないとした点です。ニセ表示をチェックできないというのですが、その結果、食用油や醤油などは表示する必要がなくなり、現状で表示しなければならない製品は豆腐などごく一部になってしまう点にありました。

　その後、99年８月10日、食品表示問題懇談会・遺伝子組換え食品部会は、表示問題での最終骨子を発表しました。この骨子は、「使用」「不分別」に関しては義務、「不使用」に関しては任意としました。問題点として指摘されていた「不分別」表示は、最終骨子でも入っていました。検証できない食品は表示義務がない、という点も、最初の提案の欠陥を継承していました。

　二つの問題点はそのまま生き残ったのです。その上、表示しなければいけない作物は、主原料のみで「上位３品

目」「重量で5％以上」のもの、としました。すなわち、たくさん遺伝子組み換え作物を使っていても、3品目だけの表示にとどまり、かつ重量比で5％以上なければ表示の対象にはならないとしたのです。このような設定では、多数の遺伝子組み換え作物を使用し、4番目に多い作物が20％を超えていても、表示しなくてもよいのです。

新しく明らかになった問題点が、混入率です。遺伝子組み換え作物が不可抗力で混じる割合を、どこまで認めるかが問題になりました。農水省は当初、混入率に関しては触れることを避けていました。不可抗力で混じる分は仕方ないという姿勢をとっていたのです。それでは表示の意味がないと、消費者だけでなく、国会からも意見が続出して、混入率上限の検討を開始しました。

この不可抗力での混入率では、ダイズで5％までという数字が出されました。逆にいうと5％まで混入していても「遺伝子組み換えダイズ不使用」と表示できる、としたのです。しかもトウモロコシなど他の作物は、混入率上限が設定されていません。トウモロコシの場合、たとえ数十％入っていようが、不可抗力と判断されれば違反とはならないのです。

これでは、消費者は分かりません。ヨーロッパでは1％以上含まれていれば、遺伝子組み換え食品となります。「含まれていない」と表示することができるのは、混入率が実に0.1％以下です。消費者は、「不使用」表示があれば、文字通り「まったく使っていない」と解釈します。限りなく0％に近づけることが求められている時に、このような混入率の考え方では、遺伝子組み換え食品そのものを認めたようなものです。

遺伝子組換え食品の表示の内容及び実施の方法
（食品表示問題懇談会遺伝子組換え食品部会報告の骨子）

食品の分類	品　　目	表示方法
組成、栄養素、用途等に関して従来の食品と同等でない遺伝子組換え農産物及びこれを原材料とする加工食品	〈指定食品（予定）〉 高オレイン酸大豆並びに同大豆油及びその製品（現在、安全性評価申請中で確認後指定予定）	•「大豆（高オレイン酸・遺伝子組換え）」等の義務表示
従来のものと組成、栄養素、用途等は同等である遺伝子組換え農産物が存在する作目（大豆、トウモロコシ、ジャガイモ、（ナタネ、綿実））に係る農産物及びこれを原材料とする加工食品であって、加工工程後も組み換えられたDNA又はこれによって生じたタンパク質が存在するもの	〈指定食品（予定）〉 豆腐・豆腐加工品 凍豆腐、おから、ゆば 大豆（調理用） 枝豆 大豆もやし 納豆 豆乳 味噌 煮豆 大豆缶詰 きな粉 煎り豆 コーンスナック菓子 コーンスターチ トウモロコシ（生食用） ポップコーン 冷凍・缶詰トウモロコシ 　これらを主な原材料とする食品 ジャガイモ（生食用） 大豆粉を主な原材料とする食品 植物タンパクを主な原材料とする食品 コーンフラワーを主な原材料とする食品 コーングリッツを主な原材料とする食品	•遺伝子組換え農産物を原材料とする場合 →「大豆（遺伝子組換え）」、「大豆（遺伝子組換えのものを分別）」等の義務表示 •遺伝子組換えが不分別の農産物を原材料とする場合 →「大豆（遺伝子組換え不分別）」等の義務表示 •生産・流通段階を通じて分別された非遺伝子組換え農産物を原材料とする場合 →「大豆（遺伝子組換えでない）」、「大豆（遺伝子組換えでないものを分別）」等の任意表示又は表示不要

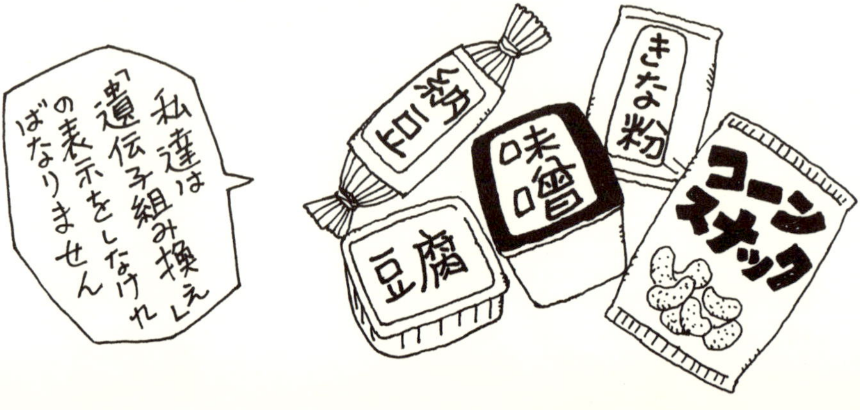

食品の分類	品　　目	表示方法
従来のものと組成、栄養素、用途等が同等である遺伝子組換え農産物が存在する作目（大豆、トウモロコシ、ジャガイモ、ナタネ、綿実）に係る農産物を原材料とする加工食品であって、組み換えられたDNA及びこれによって生じたタンパク質が加工工程で除去・分解等されることにより、食品中に存在していないもの	醤油 大豆 コーンフレーク 水飴 異性化液糖 デキストリン コーン油 ナタネ油 綿実油 マッシュポテト ジャガイモ澱粉 ポテトフレーク 冷凍・缶詰・レトルトのジャガイモ製品 これらを主な原材料とする食品	•表示不要 •ただし、生産・流通段階を通じて分別された非遺伝組換え農産物を原材料とする加工食品にあっては、「なたね（遺伝子組換えでない）」、「なたね（遺伝子組換えでないものを分別）」等の任意表示が可能

（注1）品目欄の食品は、技術的検討のための小委員会報告において、現在、安全性評価確認済みの6作物22品種のうち、現実に流通している大豆、トウモロコシ、ジャガイモ、ナタネ、綿実を原材料とする食品として整理されたもの。

（注2）「主な原材料」とは全原材料中重量で上位3品目で、かつ、食品中に占める重量が5％以上のもの。

（注3）酒類（ビール、ウイスキー、焼酎）は、上記表の3つ目の分類に該当。

表示の範囲も限られている

農水省の表示は、JAS 法の改正という形で行われます。そのため、この法律が適用する対象食品だけの表示となります。飼料の表示はありません。遺伝子組み換え作物をいま、最も摂取しているのは家畜です。畜産農家は選択できないことになり、「遺伝子組み換え飼料使用」鶏卵など、消費者が求めている表示が行われないことになります。もちろん家畜の肉や乳製品なども表示の対象外です。

種子の表示もありません。現在、種子は企業が提供するものが、ほとんどを占めるようになってしまいました。農家にとって、判断の材料が提供されないため、これからさらに遺伝子組み換え作物が広がっていったときに、知らないうちに作付けすることもあり得ます。農家だけの問題ではありません。家庭菜園だから「不使用」、とはいえない時代が来ることになります。

アルコール飲料の表示もありません。酒税の関係で、大蔵省が管轄しており、JAS 法の範囲外だからです。将来的には、日本酒、焼酎、バーボン酒、ウイスキー、ビールなどの主原料に、遺伝子組み換え作物が使用されることもあり得ます。すでにバーボン酒では組み換えトウモロコシが使われているかも知れませんし、日本たばこ産業(JT)がお酒用イネを開発しています。だが、それらにも表示はされません。

遺伝子を組み換えた微生物などに生産させた、食品や食品添加物も、表示の対象外です。遺伝子組み換え体利用の食品・食品添加物です。例えば大腸菌などの微生物に遺伝子を入れ、その微生物を増殖させて遺伝子も増殖させ、その遺伝子が作り出す蛋白質を食品や食品添加物として利用する製品です。

現在すでに 3 種類の食品添加物が認可されています。チーズを固める時に

使うキモシン（凝乳酵素）、澱粉を分解してオリゴ糖などの糖をつくり出す時に添加される酵素のα-アミラーゼ、ビタミンB_2のリボフラビンです。それらの表示も行われません。例えば、遺伝子組み換えキモシンを用いてつくったチーズも表示の対象外です。

花や樹木にも表示はありません。食品ではないからです。現在、サントリーが国内外でカーネーションの生産を行っています。キリンビールやトヨタ自動車、三菱化学なども、取り組み始めているため、花の栽培がさらに活発になりそうです。環境への影響を考えたとき、花粉が飛散する範囲は、花の方が広いのです。消費者が知らないうちに環境を汚染しないように、表示が必要です。

肥料の表示もありません。ナタネの絞り滓は肥料に使われています。遺伝子組み換え肥料が環境や作物に与える影響も未知数です。これも表示が必要です。もっと広範な規制・表示が必要であるにもかかわらず、現段階では検討すらなされていません。

遺伝子組み換え食品の表示は、消費者が安全性に疑問のある食品の素材を知り「選ぶ、選ばない」を選択できる権利として存在しなければなりません。農水省の表示は、その考え方からいうと落第であり、問題外といえます。

消費者団体は連名で、原材料段階で表示を行うべきであり、その原材料表示を加工段階まで接続させれば、すべての製品に表示が可能である、といってきました。また、飼料や種子の表示、それを用いた家畜製品の表示も行う必要があるし、肥料・花、そして食品添加物の表示も行うべきです。農水省の表示では、選択の権利が確保されません。

農水省の表示は、2000年4月告示、2001年4月発効という形で進行することになっています。

厚生省も表示へ

これまで、まったく動こうとしなかった厚生省も、表示の検討に入りました。厚生省がまだ輸入を認めていない遺伝子組み換え作物が日本に入ってきている事実を、「遺伝子組み換え食品いらないキャンペーン」が指摘したことが、きっかけでした。

日本で、遺伝子組み換え食品への反対運動として、最初から積極的に活動してきたのが、同キャンペーンです。日本消費者連盟が中心になってつくられた、市民運動です。同キャンペーンでは、さまざまな運動を展開してきましたが、その一つに「検査運動」があります。どのような食品に、どのような遺伝子組み換え作物が使われているかを検査する運動です。同キャンペーンでは、日本で発売されているコーンスナック菓子などを買って、米ジェネティック・アイディー社に分析を依頼しました。その分析結果で思いもよらない事実が分かったのです。日本への輸出がまだ認められていない遺伝子組み換えトウモロコシが、それらのお菓子から検出されたのです。いずれもモンサント社の製品でした。

厚生省は、法律ではなく指針によって、企業に対して安全性評価を義務づ

けています。指針は、倫理による規制であり罰則がないため、守らなかった際の対抗策は何もありません。このようなケースで、何も対策がないことが問題になりました。

そこで、安全性評価を、罰則のある法律で規制する方針を固めました。

99年11月15日、同省は食品衛生調査会に安全性評価の法的義務づけを諮問しました。これは食品衛生法第7条の「食品・添加物の規格基準」を一部改正して行うものです。法的に義務づけるといっても、安全性評価の基本を「実質的同等」においているため、問題ですが。

厚生省は、法的に規制する前提条件として、遺伝子組み換え食品への表示を行う必要に迫られました。まだ検討に入った段階であり、具体的な中身は何も示されていませんが、農水省よりやや広い範囲で表示が行われることになりそうです。これまで、かたくなに表示の検討を拒否してきた厚生省が、市民団体の指摘に慌て、やっと重い腰を上げたのです。

〔資料1〕これまで厚生省が「安全評価指針に適合」していることを確認した遺伝子組み換え食品

	品目	性質	申請者	開発国
1996年8月	ダイズ	除草剤耐性	日本モンサント（株）	アメリカ
	ナタネ	除草剤耐性	日本モンサント（株）	アメリカ
	ジャガイモ	殺虫性	日本モンサント（株）	アメリカ
	トウモロコシ	殺虫性	日本モンサント（株）	アメリカ
	ナタネ	除草剤耐性	ヘキスト・シェーリング・アグレボ（株）	カナダ
	ナタネ	除草剤耐性	ヘキスト・シェーリング・アグレボ（株）	ベルギー
	トウモロコシ	殺虫性	日本チバガイギー（株）	アメリカ
1997年5月	トウモロコシ	殺虫性	日本モンサント（株）	アメリカ
	ジヤガイモ	殺虫性	日本モンサント（株）	アメリカ
	ワタ	殺虫性	日本モンサント（株）	アメリカ
	トウモロコシ	除草剤耐性	ヘキスト・シェーリング・アグレボ（株）	ドイツ
	ナタネ	除草剤耐性	ヘキスト・シェーリング・アグレボ（株）	ベルギー
	ナタネ	除草剤耐性	ヘキスト・シェーリング・アグレボ（株）	ベルギー
	ナタネ	除草剤耐性	ヘキスト・シェーリング・アグレボ（株）	ベルギー
	ナタネ	除草剤耐性	ヘキスト・シェーリング・アグレボ（株）	ベルギー
1997年12月	ワタ	除草剤耐性	日本モンサント（株）	アメリカ
	ワタ	除草剤耐性	日本モンサント（株）	アメリカ
	ナタネ	除草剤耐性	ヘキスト・シェーリング・アグレボ（株）	ベルギー
	ナタネ	除草剤耐性	ヘキスト・シェーリング・アグレボ（株）	ドイツ
	トマト	日持ち向上	キリンビール（株）	アメリカ
1998年11月	ナタネ	除草剤耐性	アグレボ・ジャパン（株）	ベルギー
	ナタネ	除草剤耐性	アグレボ・ジャパン（株）	デンマーク
1999年11月	ナタネ	除草剤耐性	ローヌ・プーラン油化アグロ（株）	カナダ
	ワタ	除草剤耐性と殺虫性の組み合わせ	日本モンサント（株）	アメリカ
	テンサイ	除草剤耐性	アグレボ・ジャパン（株）	ドイツ
	トウモロコシ	除草剤耐性	日本モンサント（株）	アメリカ
	トウモロコシ	除草剤耐性	日本モンサント（株）	アメリカ
	トウモロコシ	除草剤耐性	日本モンサント（株）	アメリカ
	ナタネ	除草剤耐性	アグレボ・ジャパン（株）	ベルギー

〔資料２〕これまで厚生省が「安全性評価指針に適合」していることを
確認した遺伝子組み換え食品添加物

年月日	品名・申請者	開発国
1994年9月	キモシン（チーズを固める酵素）ファイザー（株） キモシン（チーズを固める酵素）ロビン（株）	アメリカ オランダ
1996年８月	キモシン（チーズを固める酵素）（株）野沢組	デンマーク
1997年５月	α－アミラーゼ（デンプンを加水分解する酵素） ノボノルディスクバイオインダストリー（株）	デンマーク
1997年12月	リボフラビン（ビタミンＢ２、主に飼料添加物） 日本ロシュ（株）	スイス
1998年11月	α－アミラーゼ（デンプンを加水分解する酵素） ノボノルディスクバイオインダストリー（株）	デンマーク

私達だって一応今まで安全評価の指針は企業に義務づけてたんですよ
たしかに法律的な罰則能力はなかったけど……
おまけに「実質的同等」の基本は変わらないけど……
厚生省
実質的同等

遺伝子組み換え食品は、最初は表示なしで流通し始めました。消費者団体の運動によって、農水省も厚生省も表示を行うことになりました。大きな変化です。しかし、問題は中身です。農水省の二の舞いになるのか、厚生省の姿勢が問われています。

毎日毎日食べるものなんだから……
経済性よりも安全性を考えた表示にしてよ
消費者としては、まず、まぎらわしくなくて、わかり易い表示にしてほしいの
そうじゃないと選ぶに選べないじゃない

第4章

なぜ、いまイネなのか

米国産組み換えイネ上陸

日本の農業に重大な脅威をもたらす、新しいイネが日本に登場しました。1999年7月1日、米モンサント社が開発した遺伝子組み換えイネが、まだ実験段階とはいえ、日本の水田でつくられ始めたのです。除草剤耐性イネで、カリフォルニア米を用い、日本市場へのコメの輸出だけでなく、種子売り込みを狙った前段階の実験です。場所は茨城県河内町、農家から借り上げた水田に、簡単なフェンスを設けた実験圃場で始まりました。

それに先立つ99年5月13日には、ドイツのヘキスト・シェーリング・アグレボ社によって開発された2種類の遺伝子組み換えイネの作付け実験も認可され、実験が始まりました。これも除草剤耐性イネで、カリフォルニア米とルイジアナ米です。このイネの場合は、日本での種子販売ではなく、米国で作付けして日本への輸出を目指したものです。

モンサント社のイネは、2000年3月10日、日本での一般圃場への作付けもついに認められました。

いずれも、厚生省に申請し、日本市場への食品としての参入も図ろうとしています。このように相次いで、外国の企業によって開発された遺伝子組み換えイネが日本に上陸しつつあります。いま、遺伝子組み換え技術を用いた新種のコメ開発合戦が過熱状態になっているのです。

日本企業の開発も活発です。三菱化学と農水省が共同で開発した耐病性イネが、まもなく厚生省に、食品として申請されようとしています。コメでは初めての申請です。いま遺伝子組み換え技術を用いたイネをめぐって、激しい争いが顕在化しています。

遺伝子組み換えイネの主な開発状況

外国

モンサント　除草剤耐性イネ（９９年、日本の自社圃場で作付け実験）
収量増加イネ（アメリカで野外実験中）

アベンティス　除草剤耐性イネ（９９年、農水省圃場で作付け実験）

アグラシータス　除草剤耐性コシヒカリ

ルイジアナ大学　トウモロコシのデンプン合成酵素遺伝子導入

スイス・チューリッヒ大学　ビタミンＡ・鉄分増量イネ

その他、アストラ・ゼネカ社、デュポン社も開発中

日本

日本たばこ産業　低グルテリン・イネ（お酒に用いるイネ）

三井化学　低アレルゲン・イネ
低アミロース・イネ（味覚改良）
トウモロコシ遺伝子導入・光合成活性イネ

三菱化学（植物工学研究所）
農水省と共同で耐病性イネ（日本で最初に食品として申請予定）
殺虫性イネ
グルタミン合成酵素遺伝子導入・光合成活性イネ

北興化学工業　リジン高蓄積イネ開発（栄養改良）
トリプトファン高蓄積イネ開発（農水省と共同開発）

日産化学工業など　イモチ病耐性イネ（東大と共同開発）

岩手生物工学センターなど　イモチ病耐性イネ

アレルゲンフリー・テクノロジー研究所　鉄分増量イネ

東京大学　鉄分欠乏土壌対策イネ

生物資源研　ジベレリン導入耐倒伏性イネ

京都大学　ダイズ遺伝子導入イネ（農水省と共同）

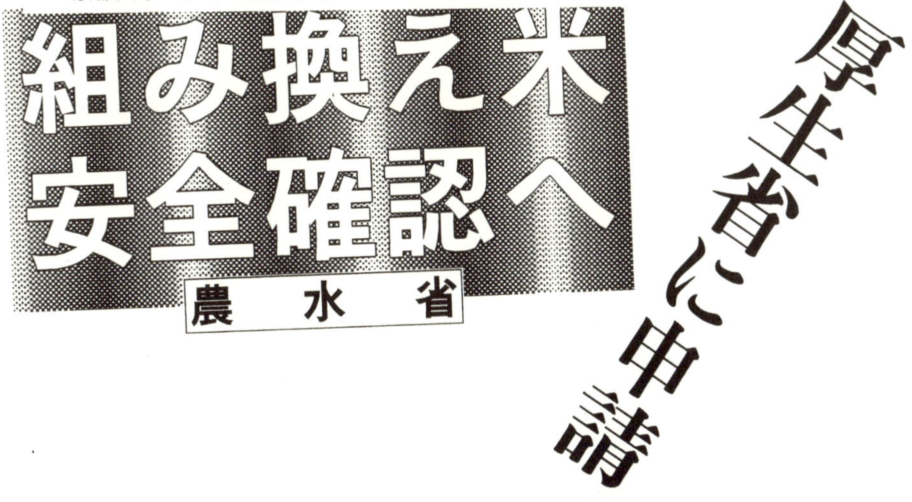
組み換え米
安全確認へ
農水省
厚生省に申請

災害つづきのアジアの稲作

なぜ、いまイネなのでしょうか。アメリカの食糧戦略と、民間企業による遺伝子組み換え作物の開発が進んだことが、その背景にあります。

コメは、コムギとならび、世界の多くの人が主食としている穀物です。生産量は、コメ（水稲）5億7326万トン(1997年)、コムギ6億0957万トン(1997年）と差はありません。しかしコムギが世界の穀物市場の中で重要な位置を占めているのとは対照的に、コメはあまり重視されてきませんでした。というのは、主要な生産地、消費地のいずれもが、アジア・モンスーン地帯であり、生産量の順位で上位8位をその地域の国々が占めており、その総計が世界の生産量の8割を占めているからです。すなわち貿易量が限定されてきたからで、輸出量で見れば、コムギ1億1202万トン（1996年）に対して、コメわずか1793万トン（1996年）です。

しかし、ここにきて、これまで軽視されてきたコメ市場が、急速に変わりつつあります。コメの生産国を次々と襲う災害が、流通量を増大させてきたからです。世界最大の生産国の中国では、96年に大規模な洪水が起き、被害面積は全農地の4分の1にまで達しました。その結果、備蓄が底をつき、コメの最大の輸入国に転じたのです。第

2位の生産国インドも98年に洪水におそわれ、東部・北部で大被害が発生しています。

朝鮮民主主義人民共和国の凶作は慢性的になっており、コメはいくらでも欲しい状態がつづいています。バングラデシュもまた、毎年のように洪水が繰り返されており、三毛作が可能な豊かな大地を侵してきました。インドネシアは97年に大干ばつに見舞われ、マレーシアやフィリピンもまた98年に干ばつに襲われました。生産国で毎年のように繰り返される干ばつと洪水によって、コメの輸出入量が上昇しつづけています。

アジアのイネに、このように異変が広がり始めた理由は、森林伐採による環境破壊と、緑の革命による高収量品種の広がりにあります。森林伐採が進行した結果、洪水と干ばつの要因が増幅されました。それに緑の革命で開発された高収量品種で生産性を上げてきた結果、塩類が集積したり、地下水の上げ過ぎによる冠水の広がり、土壌の劣化が著しくなっています。そのため、イネが弱くなり、栽培地域が狭まり、生産量が低下し、天候の異変や病害虫による被害が拡大しています。コメを売り込む条件が揃ってきたのです。アメリカがそこに目を付けました。

日本市場も

日本市場も有力なターゲットになっています。日本のコメの生産額は3兆円に達し、種子の市場も300億円です。約900万トンの生産量があり、けっして小さな市場ではありません。水稲うるち米の品種別作付け状況では、97年産ではコシヒカリが、実に全体の31.5%を占めています。有力な品種が登場すると、たった一つの品種でも、日本の稲作を変えることも可能なのです。

メーカーが注目したのはこの点で、遺伝子組み換えイネ開発の理由でもあります。しかし、これは大変危険なことでもあります。生物はさまざまな種類が存在するほど病気や災害に強くなります。単一化は、わずかなきっかけで壊滅的な打撃をもたらしかねないのです。また本来、その地域・風土に根差したイネを作付けするのが理想とされてきました。また、その土地に合った品種の改良が求められてきたのです。ところが、遺伝子組み換えによる改造は、それとは反する方向にイネの開発を進めようとしているのです。

日本市場への売り込みも含めて、遺伝子組み換えイネの開発が進められてきました。アメリカでは、除草剤耐性のイネの開発が活発です。除草剤耐性イネの場合、除草剤に特徴があります。例えば、遺伝子組み換え作物のトップ企業・モンサント社が製造・販売している「ラウンドアップ」やアベンティス社が製造・販売している「バスタ」のような、植物を無差別に、しかも根こそぎ枯らす除草剤です。通常に使用すると作物も枯らしてしまう扱いにくい除草剤です。

ところが、この除草剤に抵抗力を持った作物を開発すると、その扱い難さ

がメリットに転じます。目的の作物以外の植物をすべて枯らすため、一つの除草剤ですみ、根こそぎ枯らすため、撒く回数が減ります。すなわち、手間隙かからない農業が可能になるのです。省力化、コストダウンを目的で開発されました。しかも特定の除草剤に強い作物であるため、その除草剤をセットで売ることができ、ビジネスとしてのうまみも大きいことから、モンサント社、アベンティス社などの農薬メーカーが積極的に開発してきました。(アベンティス社は、ドイツのヘキスト社とフランスのローヌ・プーラン社が合併してできた企業です。ヘキスト社は同じドイツのシェーリング社と、バイオ企業ヘキスト・シェーリング・アグレボ社をつくっています。)

モンサント社が開発した除草剤耐性イネの場合、陸稲で直撒き用です。広大な耕地の上から除草剤を撒き耕地の雑草をすべて枯らした後、また空から種子を蒔き、雑草が出てきた頃を見計らってまた空から除草剤を撒く。この方法で、大幅なコストダウンが可能になります。そのため、日本のイネとは比べものにならない安い値段でつくることが可能になります。広大な農地向けの作物といえます。ただでさえ安いアメリカ米が、さらに安くなるのです。

アメリカでは、すでに除草剤耐性のコシヒカリまでつくられています。このイネは、ベンチャー企業のアグラシータス社が開発したもので、そのアグラシータス社をモンサント社が買収したため、いまやモンサント社の製品となったのです。

この除草剤耐性イネが日本に入ってくると、コメの輸入という形にしろ、種子の輸入という形にしろ、日本の農業は崩壊する日が近づくことになります。

日本企業によるコメ開発

日本企業による、コメ開発も加熱状態にあります。96年６月からのコメの種子市場の開放がそれに火を付けました。それまで、自治体と農協に限定されていた市場に民間企業が参入できるようになったからです。

日本における企業によるイネの新品種開発の歴史は、第７章で詳しく述べることにしましょう。ここでは、簡単に現状を見ていくことにします。

企業でイネ開発に先行していたのが、三井化学、三菱化学、日本たばこ産業の３社です。三井化学は、従来からハイブリッド・イネの開発を進めていました。最近でも、97年からインディカ米とジャポニカ米を掛け合わせ、最高で50％も収量が増える品種の販売を始めています（ハイブリッド・イネ「MH2003」と「MH2005」）。低アレルゲン米や、食味を改良した低アミロース米などの遺伝子組み換えイネの開発にも積極的に取り組んできた企業です。

三菱化学は、子会社の植物工学研究所がイネの開発を進めてきました。プロトプラスト培養と呼ばれる突然変異を利用した方法を用いてきました。食味のよいもの、耐倒伏性のあるもの、病気への抵抗性をもったもの、などを開発してきました。すでに「夢かほり」「夢ごこち」「はれやか」の３種類

が発売されています。この三菱化学もまた、イネそのものに殺虫能力をもたせる殺虫性イネを遺伝子組み換え技術で開発しました。

キリンビールは98年より、うるち米ともち米とを掛け合わせ、食味を改良した「ねばり勝ち」を販売し始めました。植物工学研究所、日本たばこ産業(JT)、全農（JA）もまた、相次いでうるち米ともち米とを掛け合わせたイネを開発しており、企業開発のコメが市場に流れ始めています。いまやすっかりコメは、企業が開発する穀物になってしまったのです。

日本たばこ産業は、お酒用米のための低タンパク米を遺伝子組み換え技術で開発しましたが、外国の企業との提携にも熱心です。99年6月21日に、英アストラ・ゼネカ社の農業部門のゼネカ・アグロケミカル社との間で、イネ開発で合弁企業「オリノバ」を設立することを発表しました。これまでにもモンサント社やヘキスト・シェーリング・アグレボ社とイネ開発で提携しており、国際競争に積極的に参加しています。

このように、日本企業も積極的に参加して、いよいよイネまでもが、遺伝子組み換えで開発した品種が登場する時代がやってこようとしています。

海外との
先陣争い激化
GMのイネ
(genetically modified)
独自開発中
JTと英企業 提携交渉
イネの遺伝子組み換えで
掛け合わせや組み換え、いろいろやってるけど…
ここまでくると、もう戦争なんだよ!!
巨大資本のアメリカとのね!!
三井化学
キリンビール
全農
三菱化学
JT

遺伝子解読とその応用

遺伝子組み換えイネ開発最大のキーは、遺伝子です。その遺伝子解読の競争が活発化しています。農水省が、最も積極的に推し進めているプロジェクトが、イネゲノム解析プロジェクトです。イネの全遺伝子を読み取ろうという計画です。このプロジェクトがスタートしたのが1991年度でした。第1期は7年計画です。

世界中で最も解読が進んでいるとして、農水省が自慢している計画です。第1期が終了し、1998年度より第2期に入りました。今回は、10年計画です。第2期が終了する2007年をイネの全遺伝子の解読終了予定にしていました。

しかし、アメリカのベンチャー企業のセレーラ・ジェノミクス社の登場が、予定を早めざるを得ない事態に追い込んだのです。同社は、新しい分析装置を武器に、イネゲノムの解読を2年で終了させると発表したからです。解読された遺伝子を特許で押さえてし

まおうというのです。それに対抗して、日本のプロジェクトの進行も早めざるを得なくなったという次第です。

　このイネゲノム解析プロジェクトと並行して、解読された遺伝子の応用を進める計画もスタートしました。農水省が多額の予算を投入して取り組む大型プロジェクト・21世紀グリーン・フロンティア計画です。同プロジェクトでは、解読された遺伝子を用いた次世代遺伝子組み換え作物の開発や、体細胞クローン動物の開発が進められます。それに加えて、遺伝子を導入して、昆虫、動物、植物に人間にとって有用な蛋白質を大量につくらせる、実用化研究も行われます。

　このプロジェクトに関しては、第6章で詳しく述べることにしましょう。農水省は、いま積極的に民間企業を支援して、遺伝子の解読と、その解読された遺伝子を利用して新しい品種を開発しようとしています。その先に、日本の農業・農家の未来はありません。何故でしょうか。

企業栄えて農家細る

企業による新品種開発は、けっして日本農業や日本の農家のためにはなりません。以前、日本のある企業を取材したときに次のような質問をぶつけたことがあります。「開発した遺伝子組み換えイネを日本の農家に売り込んでも、アメリカから入ってくるコメに値段的に太刀打ちできないではないか」

それに対する回答は次のようなものでした。「確かに、日本の農家に売り込んだのでは太刀打ちできないかもしれないが、労働力の安いアジアの国々でつくって輸入すれば対抗できると考えています」と。企業の論理からは、日本の農業や農家のことははずれています。農水省が民間企業を梃入れすればするほど、日本の農業・農家は衰退します。

農家の経済状態はいっこうに改善されていません。97年の家計費に占める農業所得の割合は、全国平均でわずか21.0%であり、ほとんどを農外所得に

依存している実態が浮き彫りにされます。しかも、相変わらず多いのが借金で、97年末の残高が全国平均で327万円で、貯蓄を上回っています。農業では食べられない、農業を行えば借金も返せない、それが現実です。

このような現状の打破に向かって、コスト削減の切り札として直播栽培が再び注目を集めています。東北の直播栽培の作付け面積は、97年には944ヘクタールまで広がり、２年間で約３倍の伸びを示しています。モンサント社が、直播用に開発した、除草剤耐性イネの種子を売り込む基盤はできつつあるのです。

いま日本の農家のコメ離れも進んでいます。自主米の生産者手取り価格の落ち込みがひどくなってきました。現在、イネ作付け面積の44%を占める１ヘクタール未満の小規模農家の場合、生産費もでないという惨状です。コメ離れが進めば、当然輸入量が増加します。アメリカが売り込む基盤もできつつあるのです。

コメという形で入ってきてももちろんですが、種子の形で入ってきても、在来種が駆逐される危険性は大きくなります。手間隙かからないことがキャッチフレーズであるため、後継者難に陥っている農家には受け入れられやすいからです。

このまま遺伝子組み換え作物の開発が進んで行けば、日本の農業の要であると同時に、私たちの文化の礎でもある稲作が、壊滅的な打撃を受ける日が近づく、といわざるをえません。

第5章

米国の食糧戦略の中で

それは食糧援助から始まった

世界の食糧は、米国を軸に動いてきました。米国の農業は一貫して、「国際化」「大規模化・高収量化」「企業化」の三つを同時に目指してきました。これが米国が取ってきた食糧戦略の基本であり、遺伝子組み換え作物開発もまた、この戦略の延長線上にあります。

まず、国際化から見てみましょう。国際化とは、農産物の流通を世界規模にまで拡大させてきたことを意味します。これをもたらしたものこそ、米国の豊かな穀物生産力を背景にした多国籍企業の戦略です。この多国籍企業の戦略は、世界の農業を根底から変えてきました。

この戦略にとって大きな役割を果たしたのが、1954年に成立した農業貿易促進援助法（PL480号）でした。アメリカ政府は、二つの大戦を通して、ヨーロッパへの支援という形で余剰農産物を売り込んできました。戦争が終わると、今度は戦後復興という名目で支援は継続され、戦後復興が一段落ついたときに朝鮮戦争が勃発して、さらに援助はつづいたのです。朝鮮戦争の終結によってこの一連の支援が区切りを迎えました。

この時、過剰な生産力を抱えたアメリカ農業は、余剰穀物の新しいはけ口を求めざるを得なくなったのです。そこでつくられたのがPL480号でした。

この法律は主として、当時独立戦争で食糧生産力が低下していた第三世界の国々をターゲットに、援助という形で食糧を売り込む目的でつくられました。アメリカ政府が農家から穀物を買い、援助国に提供するという形をとりました。それを代行したのが穀物メジャーでした。このリスクのない商売によってカーギル社は世界最大の穀物メジャーとして、その地位を不動のものにしました。穀物メジャーとは、食糧貿易を事実上独占的に支配してきた巨大資本のことです。石油を支配してきたメジャーと並ぶ世界経済の事実上の支配者です。

援助される側にとって、このPL480号には甘い毒がありました。低利、長期返済、しかも現地通貨での支払いという、実に有利な条件での取引だったため、それらの国々では、食生活に変化が起き、アメリカから穀物を買う仕組みがすっかり定着していったのです。このことは同時に、食べ物は自分たちでつくるものではなく、現金で買うものだという形に、援助を受けた国々の人々の暮らしを変えてしまったのです。

こうして米国は世界の食糧貿易を支配するようになりました。日本もまた、自国の食糧生産を放棄して、米国から農産物を買うようになりました。現在、遺伝子組み換え作物が世界中に売り込まれていく仕組みが、こうしてつくられたのです。

緑の革命以降

大規模化・高収量化の出発点が、「緑の革命」です。この革命は第２次大戦中メキシコ政府の協力のもと、ロックフェラー財団の手で推し進められた、コムギとトウモロコシでの高収量品種の開発でした。高収量品種、すなわち単位面積当たり２～３倍の収量をあげられる品種の開発です。その方法としてとられたのが、ハイブリッド（雑種１代、またはF1ともいう）品種の開発でした。

ハイブリッド品種とは、メンデルの法則の一つ「優性の法則」を利用したものです。子どもの代では、両親の強い優性な形質のみが現れるという法則です。高収量の品種ができたとき、その両親をずっと継代培養しつづけ、掛け合わせて種子を生産します。この子どもをハイブリッド（雑種１代）といいます。この子ども同士を掛け合わせた雑種２代目（F2）になると、両親の弱い劣性な形質も現われ、１代目とは同じものがとれません。

現在では、ほとんどの作物がハイブ

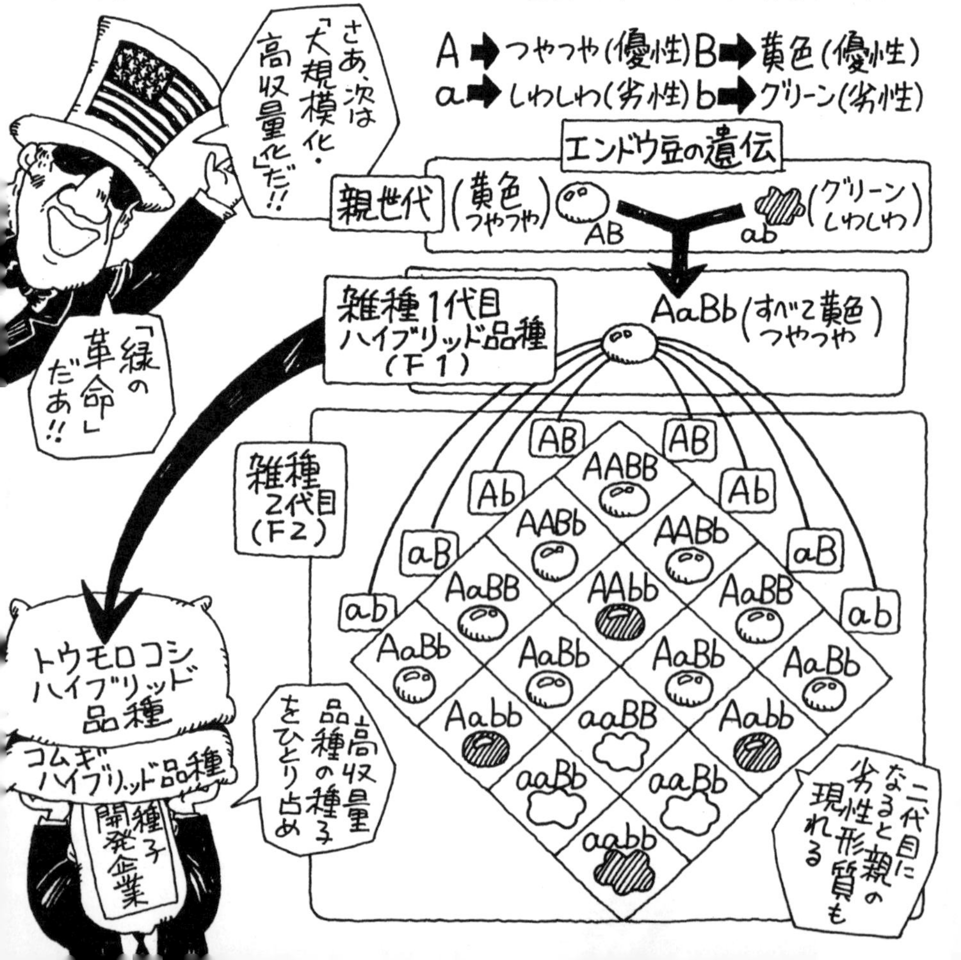

リッド品種になっています。例えばトマトのモモタロウがそれです。モモタロウ同士を掛け合わせてもモモタロウはできません。そのため農家は、毎年、種子企業から種子を買うことになります。すなわち、掛け合わせる親の代をもつ企業が食糧生産を支配できる点に特徴があります。

新品種を開発した企業の権益を保護するために、1961年にUPOV（植物の新品種保護に関する国際条約）が締結されました。植物の特許に当たる制度がつくられたのです。緑の革命による作物の普及は、新品種保護という形で、種子を開発した多国籍企業の支配力を強めることになりました。

この高収量品種が、いま遺伝子組み換え作物にとって代わりつつあり、それに合わせて1991年にUPOVも改正されました。自家採種の禁止や、細胞一つにまで権利が及ぶなど、遺伝子組み換え作物の開発者の権利がさらに強化されました。

この緑の革命の成果である高収量品種が持ち込まれた第三世界の国々の農業は、劇的に変化しました。第三世界

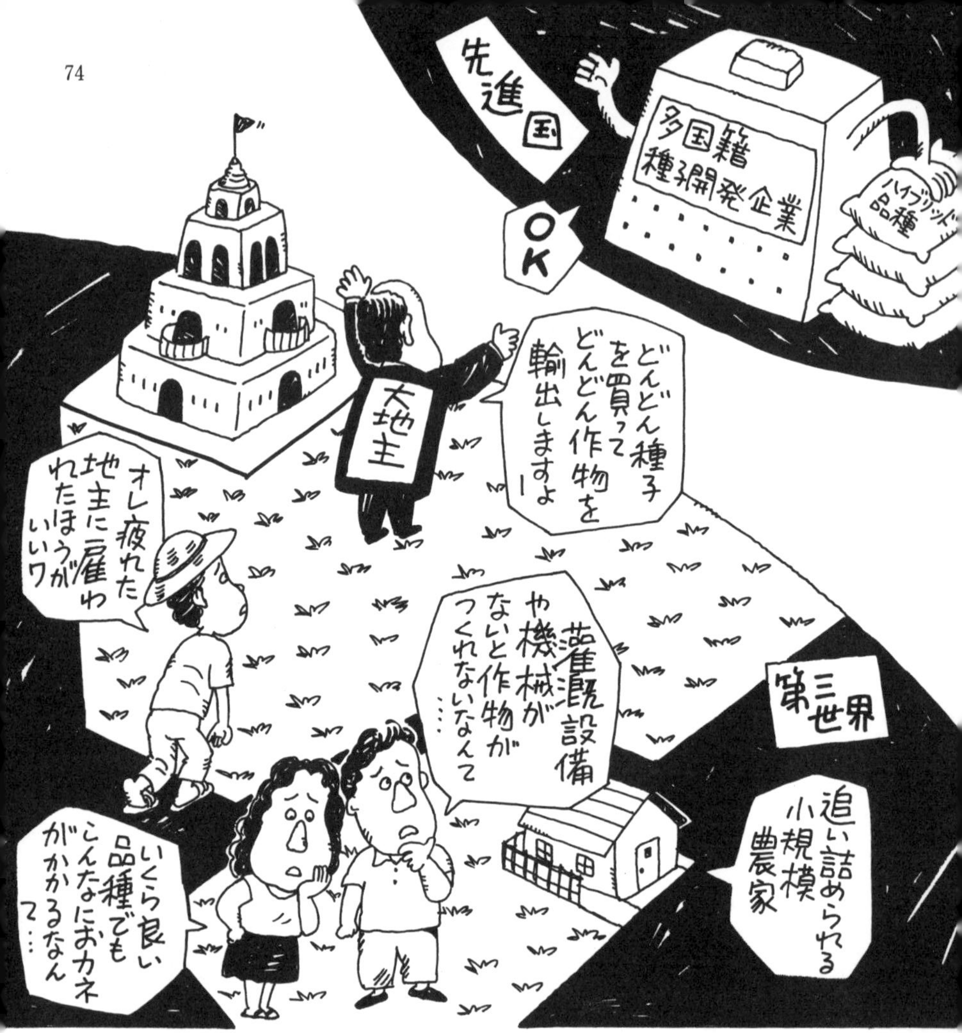

の国々は、種子を先進国の多国籍企業から買うようになりました。それだけではありません。それぞれの国の農業や農家の生活が破壊され始めたのです。

この緑の革命で開発された作物は、灌漑設備、機械化を前提とし、農薬・化学肥料を多投与する、農業をおカネがかかるものに変えてしまいました。高収量品種が普及し始めた国では、農業に資金が必要となり、大地主にとっては有利だが、小規模で営んできた農家の没落を促進することになりました。このことは農地が大地主にいっそう集中する結果をもたらしたのです。小さな規模でやってきた農家は、都市に出ていくか、大地主の下で働くかといった限られた選択肢しか残されていませんでした。その緑の革命で最も酷い目にあったのがインドの農業でした。

インドでは大地主への土地の集中、土地の急激な荒廃が起きました。98年12月３日に生活クラブ生協の招きで来日した、インドで環境保護と、差別と闘う人達を支援する財団をつくったヴ

ァンダナ・シバさんは、「緑の革命は、持続不可能な農業モデルを普及させ、単一作物栽培をもたらし、生物の多様性を破壊し、地下水を枯渇させ、塩分を多く含んだ水浸しの荒廃した土地をつくりだし、農民の生活を破壊した」と述べました。

遺伝子組み換え作物は、第二の緑の革命です。企業によって開発された高付加価値作物が、世界中に普及し始めています。緑の革命がもたらした事態が、さらに大規模に拡大され、再現されようとしています。

緑の革命後、土地を大きくした地主と多国籍企業が結びつき、換金作物としての輸出用作物づくりへの切り替えが進んでいきました。その国でとれるものは輸出され、その国の人々が食べるものは輸入されるという、パターンが広がっていったのです。その状態に「サラ金地獄」に似た累積債務が重なって、いっぺんに矛盾が噴出することとなりました。

飢餓の拡大

第三世界になぜ債務が累積したのでしょうか。そのきっかけは、73年に起きたオイルショックでした。石油の価格が高騰し、産油国にはドルがあふれました。そのオイルダラーが、先進国の金融機関に投機や預金となって還流しました。先進国の金融機関は、このあり余るオイルダラーを低利で第三世界に貸し付け始めたのです。当時、急激に物価が高騰し、おカネは貸すより借りる方が得といわれた時代でした。第三世界は、借りた資金を使って工業開発をはかり、自立への道を図ろうとしました。

しかし、そのような現象は一時的なものでした。世界的に景気が後退し、先進国の金利が上昇を始めました。その上、不況を乗り切るために先進国の製品が第三世界に次々と売り込まれていったのです。安くて良質な先進国の製品に押され、工業開発によって自立を図ろうとした試みは、多くの場合、挫折を強いられることになり、借金だけが残る結果となりました。

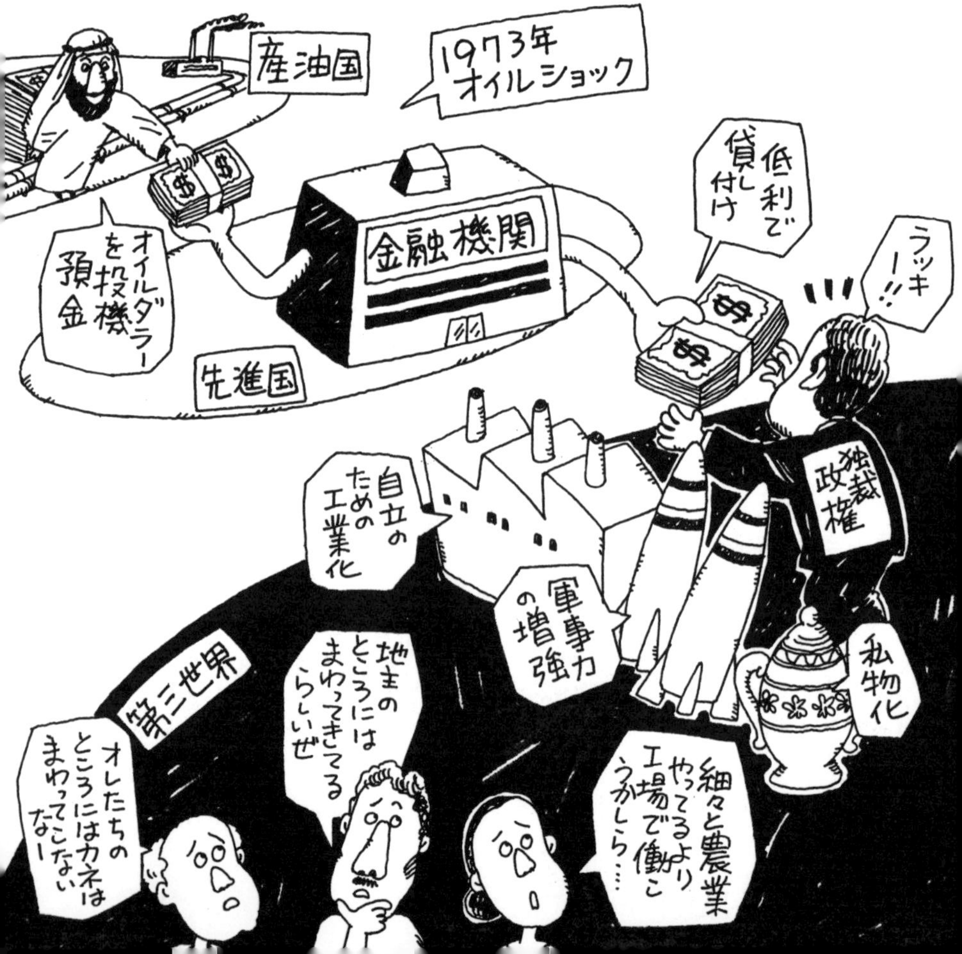

累積債務をもたらした要因は、そのほかにもあります。独裁政権と結びついた援助は、私物化されたり、軍事力増大などに結びついていき、人々の生活に還元されることがありませんでした。援助は、麻薬効果となって第三世界の国々の自立への道を遠ざけ、農業を捨てて、工業化に進む道を加速していき、その結果、自国の食糧はアメリカから買い、工業化に失敗した結果、債務が蓄積していくという最悪の事態に向かっていったのです。

この債務地獄が、第三世界の「貧困」を固定化することになりました。債務国は借金の金利の支払いに追われ、せっかく輸出用作物で得たドルをその支払いに回すという事態が常態化しました。教育・福祉が犠牲になり、栄養失調と医薬品の不足が起きました。こうして飢餓が広がっていきました。農作物が実る豊かな土地では輸出用作物がつくられ、その横で人々は飢餓で苦しむという、矛盾した状況がつくられていくのです。

現在、世界の穀物生産量は、年18億5870万トン※です。１人が生きていくのに必要な食糧は、穀物で１人１年に150キログラムだといわれています。数字の上からは、123億の人達が食べられる量が、生産されています。99年10月19日に、世界の人口は約60億人になりました。まだたくさんの人が食べられる計算です。にもかかわらず、現在でも飢餓人口が広がっています。それは食糧の偏在が原因です。日本のような富める国には、世界中から食糧が集まり、飽食の時代を謳歌しています。しかし貧しい国は、自分達の食べる食糧までも輸出にまわし、結果として飢餓が広がっているのです。

また穀物の多くが、人間の食事ではなく、家畜の飼料に回され、先進国の肉食のために消費される割合が増えています。牛肉1000カロリーを生産するためには、穀物で7000〜8000カロリーが必要です。この偏在が是正されない限り、食糧不足と飢餓人口の増大は進行しつづけることになります。

累積債務問題はついに、89年に、元本削減・金利減免という荒療治に近い救済措置「ブレディ提案」を採用するまでに至りました。しかしこの治療法も小手先のものであり、抜本的なものではありませんでした。

※（大豆を除く、米国農務省2000年４月発表）

おなかがすいたよー
どうしてこっちは足りなくて、あっちでは余ってるんだよ
どうして自分でつくった作物を自分で食べられないの？
生産量からすれば十分世界中に足りるはずなのに……
また食べ過ぎて太っちゃうわー
ぽい
あ〜食い過ぎてもう食えん!!

アメリカ農業の生産力増大

アメリカの食糧戦略が過渡期にさしかかったのが、1970年頃です。米国がベトナム戦争で受けた政治的、経済的なダメージは、想像以上に大きかったのです。ドルの没落と同時に、それまでのPL480号による食糧援助の方法に限界が訪れたことがきっかけでした。

1970年の農業法制定で、それまでの保護主義が取り払われて、農産物の自由貿易化と農家の企業化の方針が打ち出されました。同時に、71年にニクソン政権への提言として出された、カーギル社副社長のウイリアム・ピアスによる「ウイリアムズ報告」をきっかけに、それまでの第三世界中心の食糧戦略の見直しが行われ、日本やヨーロッパといった先進国市場や、ソ連（当時）・中国・東欧といった社会主義圏への売り込みが図られることになりました。

国内的には、食糧生産力増強のために企業化が進められました。一方で徹底した集中化と合理化が進められ、他方で中小の農家が潰されていきました。広大な農地でスケール・メリットを追求した、機械と農薬・化学肥料で量産

する体制がつくられていったのです。「企業化」時代の到来です。「国際化」「大規模化・高収量化」と並んで取り組まれた、もう一つの方向の「企業化」です。この企業化の犠牲者こそ、もっとも弱い立場にいる中小農家でした。

国際的には、日本やヨーロッパなど先進国への売り込みが激しくなりました。それは売り込まれる側から見ると、貿易摩擦が激化していくことを意味しました。同時にソ連や中国との取引が増え、アメリカ農業にとっては「黄金の70年代」と呼ばれた時期がやってくるのです。

コムギの生産高は、70年の3678万トンが、80年には6449万トンに増大しました。ダイズの生産高は、70年の3068万トンが、80年には4945万トンに増大しました。トウモロコシの生産高は、70年の1億0546万トンが、80年には1億6886万トンに増大しました。こうしてアメリカは、70年代を通してコメを除く穀物の4分の1を生産し、世界の穀物貿易高の6割を制するまでに至ったのです。工業力が次々と競争力を失っていく中で、アメリカの最大の輸出商品が食糧となったのです。

ヨーロッパと日本の対応

70年代が終わると、アメリカに対抗して新しい競争相手が台頭してきました。その相手とは、ヨーロッパ共同体(EC)でした。ECは、共通農業政策(CAP)を取ることで、アメリカに対抗しようとしました。1989年には世界の穀物輸出量は、世界全体で2億3600万トンで、そのうちECは12カ国全体で5600万トンを占めるに至ったのです。

このCAPは、EC内部の自由流通、統一価格を推し進めることになりました。EC内の農家にとっては、弱肉強食の時代の訪れでした。企業化・大規模化が促進され、中小農家は淘汰されていきました。ここでも弱い立場にいる人々の生活が犠牲にされて、競争力強化がはかられたのです。

同時に、外からの流入に関しては市場の保護をはかり、輸出を拡大するために補助金の増額を行いました。アメリカも対抗上、穀物輸出の補助金を増額しました。補助金を増やして価格を下げて売る、ダンピング合戦の始まりです。アメリカの財政支出は増えつづけ、ただでさえ苦しい台所事情を圧迫しました。ECの共通農業政策の支出も増えつづけました。こうして、食糧貿易はダンピング合戦による財政圧迫という最悪の事態になったのです。このような事態を打開する目的で進められたのが、ガット・ウルグアイラウンドでの農業交渉でした。

この交渉においても欧米間の激しい対立が生じ、80年代後半から90年代初めにかけて、激しい論争の火花を散らすことになったのです。このラウンド

で示された方針こそ「例外なき関税化」、例外を認めず、すべてを自由化していく、という考え方でした。日本にとっては、コメの自由化につながる提案でした。この一連の流れの中で、日本でも、92年６月に新農業政策が打ち出されました。新しい時代に対応して、新しい原理での農業政策が提起されました。その柱の一つが、国際化時代の市場原理導入に対応し、競争力を強化するための「企業化」でした。規模拡大と農家の組織化・法人化、そして企業の参入に道を開くことでした。

この流れと重なるように、遺伝子組み換え作物の研究・開発が進められていました。農水省は、遺伝子組み換え作物の研究・開発に重点的な予算の配分を行うことで、新しい高収量化時代へ向けた技術開発を推し進めてきました。農水省の姿勢も変わりました。それまでほとんど繋がりがなかった民間企業とのパイプづくりに取り組み始め、全体の予算額が減少する中で、バイオ関連予算だけが増えつづけるという、異常な状況になっていくのです。

農水省が、農家から企業に顔を向け始めて以来、日本の農業問題は、企業の技術開発に置き代わっていきました。農家がつくる作物ではなく、民間企業が開発する遺伝子組み換え作物に重点が移行しました。日本の農業・農家を支える方向から、民間企業の梃入れへと大きく軸を変化させたのです。

後で詳しく述べますが、いまや農水省の中心的な政策は、ゲノム解析と、遺伝子組み換え生物の研究・開発であり、もはや日本の農業・農家を守ろうという姿勢は、まったくといってよいほど見られなくなってしまいました。

ガットからWTOへ

国際的な動きに戻りましょう。1995年1月、WTO（世界貿易機関）が誕生しました。ガット・ウルグアイラウンドの合意を受けて設立され、それ以降は、国際貿易が新しいルールで始まることになりました。

このWTOはガットのような協議機関ではなく、強い権限をもつ国際組織として設立されました。各国はそれぞれの国の法律や規則、行政手続きなどを諸協定に一致することが求められています。もしそれを怠ると強い報復措置が可能となっています。

裏返すと、内政干渉に等しい内容をもっているのです。貿易障壁をたてに次々と強い要求が可能であり、その権限の影響は、各国の自治体や民間団体にも及びます。その影響を最も受け易いのが、弱い立場にいる第三世界です。

このWTO設置の目的である、保護貿易主義を排除した自由流通の論理は、強者の論理であり、日本も含め各国に食糧自給の放棄を求める考え方の上に成り立っています。

また横断的な報復措置が可能になったことも問題です。食糧問題でトラブ

ルが発生した場合、それが自由な貿易に支障を来したという口実になって、その他の分野での貿易で報復措置をとることが可能になりました。例えば、日本の農業政策が保護貿易だと判断されると、自動車での輸入（日本からの輸出）ストップという形での報復ができ、日本の基幹産業の中心にある自動車輸出に影響が及ぶことになります。これまで日本政府が行ってきた工業優先の立場を取る限り、「貿易障壁」排除優先の論理は、農業の犠牲を増幅させることになります。すなわち自動車の輸出のために、食糧の輸入を促進することになるのです。国際貿易が、日本の農家を直撃することになりました。

その前兆がすでに現れています。98年末に農水省が打ち出した、コメの関税化決定です。日本の農家の最後の拠り所である、コメづくりも放棄させる道筋をつけたのです。短期的に見れば、当初は高い関税をつけることで、一見、日本の農業・農家は保護されるかも知れません。しかし、長期的に見れば関税率引き下げ圧力が強まり、やがて競争力を持たない日本の農業が破壊されることは目に見えることです。

このように日本農業切り捨ての方向はつくられました。農業・農家切り捨ての代わりに振興を図っているのが、バイオテクノロジーであり、民間企業なのです。その中心に位置しているのがイネゲノム解析です。

第6章

農水省のバイオ政策

バイオテクノロジー振興へ

農水省が、バイオテクノロジー技術開発計画を発表したのは、1984年４月12日でした。この計画を受けて、法律や指針などの整備が進められました。

最初に行われたのが、主要農作物種子法の改正でした。この法改正は、主要農作物であるイネ、ムギ、ダイズの種子の開発・販売について、そこから締め出されていた民間企業の参入を可能にするために行われました。遺伝子組み換えイネなどのバイオ米を民間企業が開発できるようにするためには、欠くことのできないものでした。

86年６月に、改正主要農作物種子法が成立しました。これによって民間企業の開発が可能になりました。さらに91年６月には、主要農作物種子制度の運用についての通達が出され、試験販

売もできるようになりました。こうしてこれまで締め出されていた民間企業の育種・試験販売が認められるようになったのです。さらに96年6月には全面開放となり、制約なしに民間企業が販売できるようになりました。

同時に、遺伝子組み換え作物の利用指針づくりが進められました。その時点まで遺伝子組み換え技術の規制については、文部省と科学技術庁の「実験指針」しかありませんでした。これらは実験・研究段階での規制であって、実用段階に達したものを対象にしたものではありませんでした。農水省が「農林水産分野における利用指針」を告示したのは86年12月18日。この利用指針がつくられたことで、それまで室内に限定されていた実験が、野外でもできるようになり、作物の作付け実験が始まりました。

STAFFと中央競馬会法改正

農水省はまた、1990年秋に農林水産先端技術産業振興センター(STAFF)を設置しました。農水省はそれまで、他の官庁と異なり民間企業とのつながりが薄い官庁でした。バイオテクノロジーを通して初めて本格的なつながりができ、そのパイプの役割をはたすものとしてこのSTAFFがつくられたのです。

農水省がイネの全遺伝子の解読を目指す「イネゲノム・プロジェクト」をスタートさせたのは、1991年度。STAFFがこのイネゲノム・プロジェクトの中核となって研究を行うことになりました。

農水省は、このSTAFFをつくるのと並行して「競馬に関する研究会」(畜産局長の私的諮問機関)を組織しました。その主な目的は、中央競馬会の売り上げをバイオテクノロジー研究に充てるためでした。

中央競馬会の儲け分25%のうち、10%が国に、15%が中央競馬会のものになります。国に行く分の使途は中央競馬会法によって「畜産振興と福祉」に限定されてきました。競馬に関する研究会は、STAFFなどの試験研究費に、この中央競馬会の儲けをまわせるように検討を加え、そして91年5月10日、1枠1頭制導入を柱とした競馬法および中央競馬会法を改正した際に、このことを可能にしました。

イネゲノム・プロジェクトはこうして主にギャンブルの儲けを使って行われることになりました。

競馬に関する
研究会
1991年5月
収益の一部をバイオテクノ
ロジー研究に充てるため、
「競馬法」「日本中央競馬
会法」を改正
国へ
10%
15%
中央競馬会の
もの
中央競馬会の
売り上げ

ジーンバンクがつくられる

遺伝子組み換え作物開発とならんで、これからの研究・開発に欠かせないものとして、遺伝子資源の収集も積極的に取り組まれることになりました。熱帯雨林などからさまざまな生物種を集め、保存し、その遺伝子を利用していくことが、新品種開発の決め手になるからです。

日本において遺伝子資源を収集する遺伝子銀行（ジーンバンク）構想が具体的に登場したのは、83年４月26日のことでした。安田科学技術庁長官が資源調査会に対して、遺伝子資源の確保について諮問しました。この諮問に対する答申が出されたのが翌84年６月26日。こうしてジーンバンクが、始動し始めるのです。

収集・保存すべき生物の選定基準としては、利用価値が高いもの、過去においてよく利用されたもの、将来利用される可能性の高いもの、近々滅亡の恐れのあるもの、収集が困難になりつつあるものなどが取り上げられ、植物においては多収性、高生長性、耐病性のものが求められます。

日本では、とくにイネの遺伝子資源収集に力が入れられていくことになります。日本で保存している種子の数は少なく、このままでは遺伝子組み換えイネの開発で取り残されてしまう、遺伝子資源の収集を行い、ジーンバンクを充実する必要がある、というのが、

農水省の考えでした。

収集する生物は、遺伝子中心に近いものが多く集められました。遺伝子中心とは、もともとその生物があった地域を指します。原生種か、それに近い種を求めて収集に当たります。イネがもともとあった遺伝子中心は、中国南部、ラオス、タイの北部、インドのアッサム地方周辺で、この地域のイネを多数収集しに、毎年のように収集隊が出かけていくことになります。

遺伝子中心にあるイネは酵素の種類が多様です。品種改良を重ねると、人間にとって有用な形質しか残らないため、多くの酵素が次々と脱落し、酵素の種類が偏ったものになってしまうのです。このことが、食味は良いが、病気には弱いなど、問題点も多く抱えてしまうことになったのです。

なぜ多様性が必要かというと、例えば新しい病気が発生した際に、遺伝子中心のイネに、それに対する抵抗力が存在する場合があり、病気に強いイネづくりなど、品種の改良に役立てることができるからです。

ジーンバンクで保存する際に、植物の場合、主に種子で行われ、時には、DNA そのものか、微生物の中に DNA を組み込んで保存します。保存は100年から200年にわたって可能だということで、集めれば集めるほど研究・開発の材料が増えていくことになります。

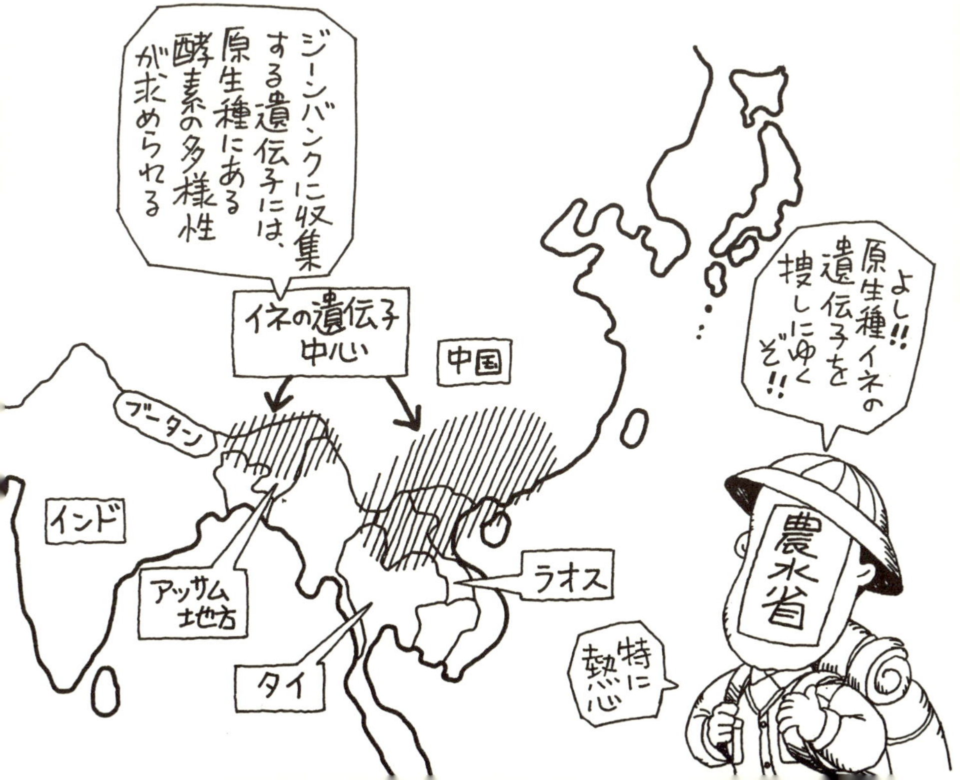

遺伝子資源国とのあつれき

ほとんどの生物の遺伝子中心が、第三世界の、それも熱帯雨林をもつ国々に多く存在しています。先進国の遺伝子資源あさりは、第三世界の資源保有国との間に強いあつれきをもたらしました。資源保有国にしてみれば、遺伝子資源を奪われた上に、それを用いて開発されたバイオテクノロジーの成果を買わされるという、二重に収奪されることになります。このあつれきがクローズアップされたのが、92年６月にブラジルで開催された地球サミット、国連環境開発会議でのことでした。この会議では、地球温暖化対策としての気候変動枠組条約と並んで、生物多様性条約の締結が大きな焦点となりました。この条約の中身をめぐって、遺伝子資源の権利を掲げる第三世界と、知的所有権を守ろうとする先進国の間で激しい対立が生じました。

最終的には条約の中に「遺伝子資源を提供した国に対し、その資源を使用した生物工学から得られた利益を還元する」という第三世界寄りの内容が入

れられ、条約は締結されました。この生物多様性条約が発効したのが93年12月のことでした。条約の内容に不満をもった米国は、未だに条約を批准していません。

2000年１月にカナダのモントリオールで開かれた、生物多様性条約の特別締約国会議で「カルタヘナ議定書」が採択されました。この議定書でも、第三世界の主張が入れられ、遺伝子組み換え生物の輸出の際に、輸入国の事前の同意を必要とする事前同意制が設けられました。条約締結国でもないのにアメリカは、大きな代表団を送り込んで介入を図りました。だが結果的に、アメリカの主張は通らず、遺伝子組み換え生物の国際間の移動に関して歯止めを掛けることになりました。

それでも、アメリカや日本などの先進国の反撃によって、輸出国がWTOに提訴できる道を残したのです。すなわち、輸入規制が乱用されると、その紛争解決はWTOで決着が図られることになりました。これはアメリカなどの食糧輸出国に有利に働くことになります。

生物特許

米国はまた、知的所有権を拡大解釈して、生物特許をいち早く導入した国です。生物は他の工業製品などと異なり、自然にあるものであり、特許制度になじまないというのが従来の考え方でした。そのため作物や花などでの新品種の開発も、特許ではなく、特許よりもはるかに制約の多い植物新品種保護制度で、開発者の権利が保護されてきたのです。

この新品種保護制度には、特許との二重保護の禁止がありました。アメリカはその考え方を独自に廃棄してしまったのです。きっかけになったのが、チャクラバティー裁判でした。1972年米国ゼネラル・エレクトリック社(GE)の研究者・チャクラバティーによって、ある改造微生物が開発され、特許申請されました。石油汚染除去のために改造したバクテリアです。それはシュードモナス属の細菌を改造したもので、研究者の名前をとって、チャクラバティーと名づけられました。

米国特許庁は生物に特許を認めないという理由でこれを拒否しました。GE社はそれに納得せず、裁判に持ち込んだのです。その結果、80年6月に連邦最高裁判所は、このチャクラバティーを特許として認めるという判決を下しました。初めて認められた生物特

許でした。生命体も、改造すれば特許になることが示されました。

このチャクラバティーは微生物でしたが、これがきっかけになって、生物も特許になるという考え方が定着し、85年 9 月には、特許庁がついに、植物体や組織培養物も特許で保護できるという判断を下しました。

さらに88年 4 月に特許庁は、動物も特許として認めました。ハーバード大学が開発した、がんになりやすいように遺伝子を改造したマウスです。こうして動物までもが、改造すれば特許として認められたのです。

そして、次に遺伝子までもが、特許として権利を保護できるか否かという問題が出てきたのです。98年、ついに米国のベンチャー企業、インサイト・ファーマシューティカルズ社が、遺伝子特許を取得しました。しかも、かなり不完全な遺伝子の断片であったにもかかわらず、認められたのです。

農水省は、この米国による知的所有権戦略に危機感を強めました。それに対抗するため、イネゲノム解析プロジェクトに全力投球を始めることになります。そのプロジェクトが、現在は、21世紀グリーン・フロンティア計画となりました。遺伝子特許とグリーン・フロンティア計画に関しては、第 8 章のイネゲノム・ウォーズで、詳しく述べることにしましょう。

UPOVと種苗法改正

この知的所有権戦略が、UPOV(植物の新品種保護に関する国際条約）と種苗法にも大きな変化をもたらしました。

植物の特許に当たる、新品種保護制度は、国際的には1961年に締結されたUPOVによって本格的なスタートを切りました。最初、この条約は、西ドイツ（当時)、オランダ、イギリス、デンマークの4カ国からスタートしました。条約締結は国際間の約束事を取り決めたものですが、同時に各国に国内法の制定を求めています。その後、UPOV加盟国は増えていき、日本も82年に加盟し、国内法である種苗法を制定します。

UPOVや種苗法による新品種保護の考え方は、開発者の権利を守るという点にあり、企業の権利を保護する立場を前面に立てています。改正前はそれでも、かなり制約が多かったのです。例えば、1．品種の育成方法は問わない、2．品種の優劣は問わない、3．品種の登録の効力は、農家の自家採種にまでは及ばない、などでした。

その前提条件に加えて、次の二つの制限が加えられていました。1．権利を保護する対象の品種は、農作物の430種類に限る、2．登録者の権利は、種子や苗木の販売に限る、というものでした。

91年3月にUPOVが改正され、98年に発効しました。日本の国内法である種苗法改正案が可決されたのは、98年5月のことでした。この条約及び法改正の最大の狙いは、さらに企業の権利を強化し、バイオテクノロジーで開発された植物を保護しようというものです。UPOV改正の内容は次の通りです。

1．適用範囲を農作物だけに限定せず全植物にまで広げる、2．適用範囲を種苗の販売だけでなく、収穫物や販売物にまで広げる、3．自家採種は認めない、4．登録をバイオテクノロジーに絡んで細胞1個にまで広げる、5．イミテーションを排除するため、植物品種権を強化するとともに、仮保護制度を導入してスピードアップをはかる、6．保護期間を基本的に15年から20年に延長する、7．植物新品種保護制度と特許制度の二重保護を認める、というものでした。

条約が発効し、種苗法が改正されたことで、全植物種という広い範囲で企業の権利が保護されると同時に、その権利の範囲は収穫物にまで達することになりました。ジュースのような収穫物の直接の加工品にまで及ぶことも考えられ、農家の権利は著しく制約され、企業の支配下に入ることになりました。また、遺伝子組み換え作物開発で先行している企業が有利になりました。

この種苗法改正に加えて、主要農作物種子法の改正、主要農作物種子制度の運用についての通達などの一連の法改正等は、92年６月に農水省が発表した、市場原理導入と企業化推進を柱とした「新農業政策」に裏づけを与えています。日本だけでなく、世界的に同様の傾向が進んでいます。企業支配、技術支配の強まりです。

農水省がとってきた、一連の政策は、農家・農業のためではなく、バイオテクノロジーと民間企業の振興策です。民間企業がバイオテクノロジーを中心に新品種開発競争を展開し、実際に作物をつくっている人たちの権利はますます縮小していくという事態が訪れています。

第7章

バイオ米開発の歴史

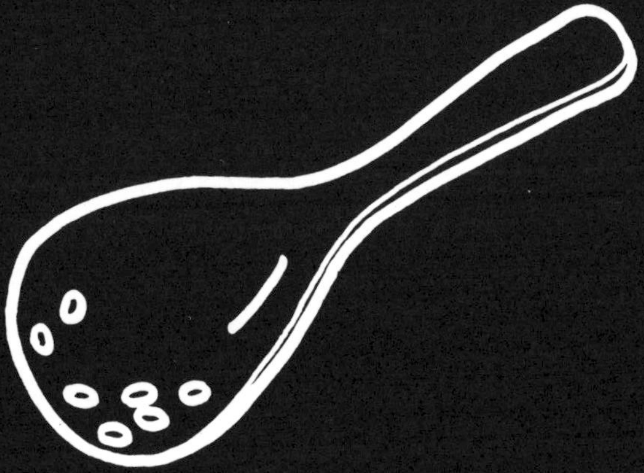

ハイブリッド・イネ

1962年、ロックフェラー財団とフォード財団によって、フィリピンに国際イネ研究所（IRRI）がつくられました。この研究所に、世界各地からさまざまな野生種のイネが集められ、掛け合わせが繰り返され、高収量を目指した新品種の開発が進められました。緑の革命が、イネでも始まったのです。

緑の革命とは、高収量品種の開発であることは、すでに述べた通りですが、それまではコムギとトウモロコシを対象に開発が進められてきました。その革命が、いよいよイネにも及ぶことになったのです。

イネの新品種開発の方法を大きく変えたのが、雄性不稔の種子の開発でした。イネは同じ花の中にオシベとメシベがあり、自家受粉するため、ハイブリッド（F1）イネがつくりにくかったのです。高収量品種イネづくりがコムギなどに遅れ、悪戦苦闘した理由が、それです。ところが雄性不稔というオシベに花粉をつくる能力を失った性格をもたせると、自家受粉できないため、ハイブリッド・イネが簡単にできることになります。これには有名なエピソードが残っています。

83年にアメリカの種子会社リングアラウンドから日本に、ハイブリッド・イネの種子を売り込みたいという打診が、農水省にありました。日本はコメに対しては保護政策をとってきていることから、このハイブリッド・イネの種子は輸入されませんでした。ところがよく調べていくと、実はこのイネはアメリカで開発されたものではなく、中国で開発されたものであり、さらに元を辿っていくと、琉球大学の新城長

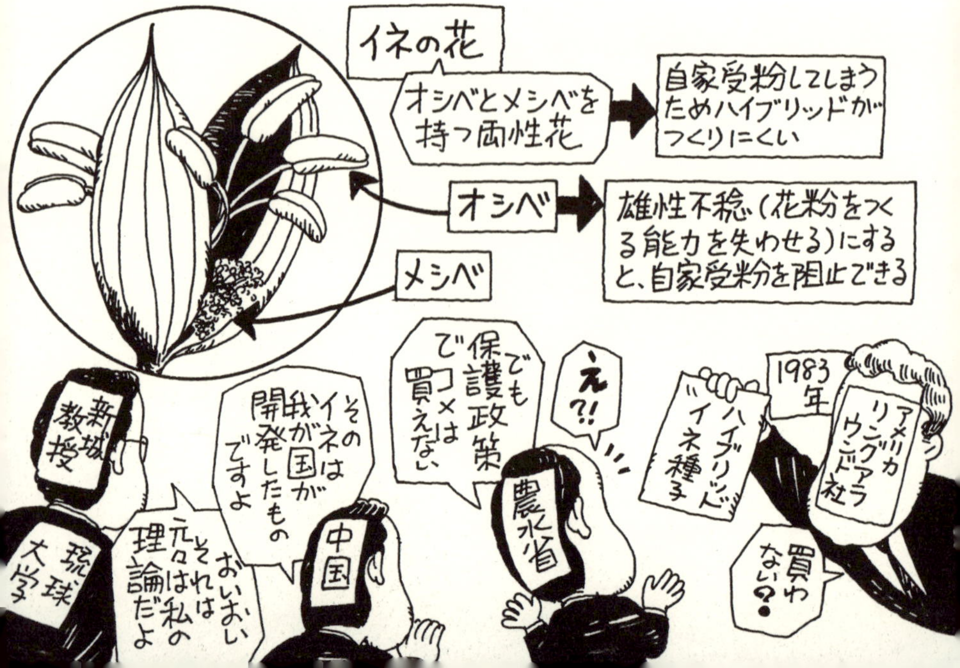

有教授が発見した雄性不稔の理論を用いたものだったことが分かったのです。何のことはありません、巡り巡って日本に戻ってきたのです。

この経緯は、NHK テレビによって「謎のコメが日本を襲う」という題で放映され、有名になりました。その後、リングアラウンドは三井東圧化学（現在の三井化学）、三井物産と合弁でラム・ハイブリッド・インターナショナルをつくり、日本における種子の流通に参入することになったのです。さらにその後、同社からリングアラウンドが抜け、三井化学が中心になってこの雄性不稔を利用したハイブリッド・イネの開発が進められてきました。

三井化学は、その後も開発をつづけ、96年6月からコメの種子市場が開放されたため、翌97年に、このハイブリッド・イネの種子の販売を開始しました。インディカ米とジャポニカ米を掛け合わせた高収量品種「MH2003」と「MH2005」です。98年には販売した種子の量が、3.2〜3.5トンに達しています。

三井化学では、いま、ハイブリッド化から一歩進んで、遺伝子組み換えによる開発の時代へと進んでいます。遺伝子組み換え技術以外のバイオテクノロジーを用いた開発も進められてきました。さらには、ハイブリッド化、細胞融合、遺伝子組み換えなど、いくつものバイオテクノロジーを組み合わせて、新品種開発が行われています。新しい技術が、イネの世界を大きく変えようとしているのです。いよいよ、イネでも第2の緑の革命の時代が到来しました。

プロトプラスト・イネ

本格的な遺伝子組み換えイネ開発に先駆けて、ほかのバイオテクノロジーを用いた開発が始まっていました。まず、登場したのが、プロトプラスト培養での新品種開発です。プロトプラストとは、細胞のまわりを覆っている壁を酵素で取り除いたむき出しの状態の細胞のことをいいます。

プロトプラストの状態にすると、バイオテクノロジーでの操作が簡単になるため、培養だけでなく、細胞融合も、遺伝子組み換えもプロトプラストの状態にして行われるケースが多いのです。プロトプラスト状態で培養する、もう一つの理由は、壁に囲まれ保護されていないため、突然変異が起きやすくなり、それが利用できる点にあります。この突然変異を起こしたものの中から選んで培養することを、プロトプラスト培養といいます。

イネの場合、突然変異を起こさせたものから、食味のよいもの、耐倒伏性

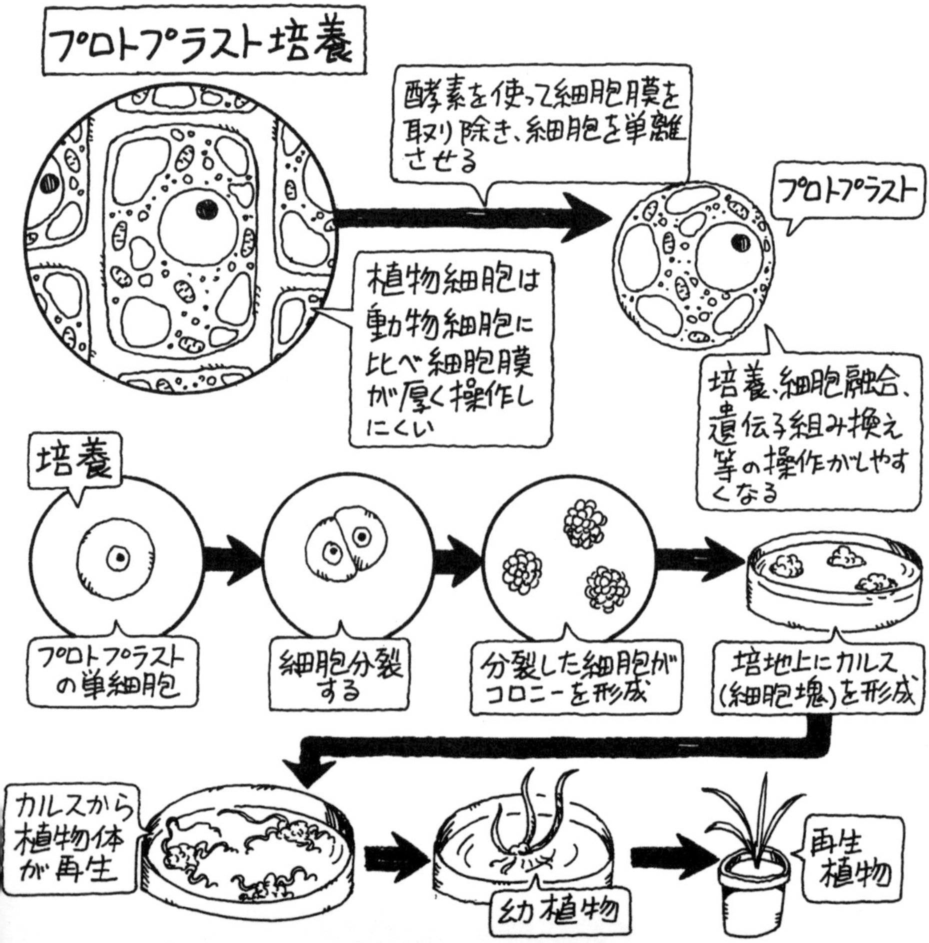

プロトプラスト培養
酵素を使って細胞膜を取り除き、細胞を単離させる
プロトプラスト
植物細胞は動物細胞に比べ細胞膜が厚く操作しにくい
培養、細胞融合、遺伝子組み換え等の操作がしやすくなる
培養
プロトプラストの単細胞
細胞分裂する
分裂した細胞がコロニーを形成
培地上にカルス(細胞塊)を形成
カルスから植物体が再生
幼植物
再生植物

のあるもの、病気への抵抗性をもったもの、などが選抜されました。

食味はアミロースの含量が少ないものが選択されました。アミロースはデンプンです。アミロース含量はねばり気と関係し、少ないとねばり気がでて、日本人の好みの味になります。逆に、アミロース含量が多いと、パサパサした感じになります。ジャポニカ米は、アミロース含量が少ないためネバネバした感じをもち、コシヒカリは、そのジャポニカ米の中でもアミロース含量がとくに少なく、美味しいおコメの代表になりました。もち米はアミロース含量がゼロであるため、ねばっこいものになります。

耐倒伏性は稈長が短いほど倒れにくくなることから、余り高く成長しないものが良いとされてきました。プロトプラスト培養を行うと、必ず稈長が短くなるため、その性格が利用できることが分かったのです。

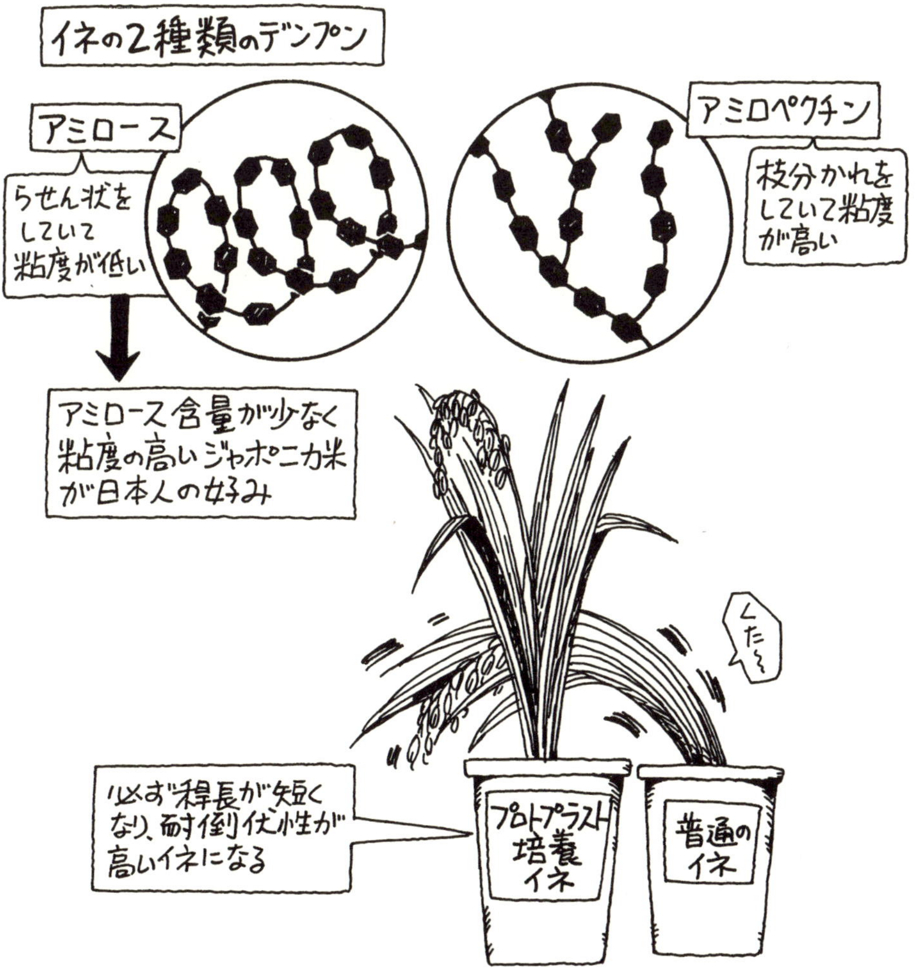
イネの２種類のデンプン
アミロース
らせん状をしていて粘度が低い
アミロペクチン
枝分かれをしていて粘度が高い
アミロース含量が少なく粘度の高いジャポニカ米が日本人の好み
くた～
必ず稈長が短くなり、耐倒伏性が高いイネになる
プロトプラスト培養イネ
普通のイネ

このプロトプラストの突然変異を起こしたものを培養して、ハイブリッド・イネの開発を進めている企業に、三菱化学の子会社・植物工学研究所があります。その成果として「夢かほり」「夢ごこち」「はれやか」の３種類が開発されています。

「夢かほり」は、「月の光」から開発されたもので、「月の光」「日本晴」などが栽培されている縞葉枯病のいつも起きているような地域での栽培品種を目指して開発されたものです。縞葉枯病への抵抗性をもち、収量も多く、さらに「月の光」より７センチ、「日本晴」より11センチほど稈が短く耐倒伏性をもち、アミロース含量が23.1%で「月の光」より１%、「日本晴」より1.8%低くなっています。

「夢ごこち」は、「コシヒカリ」から、主としてアミロース含量を低く抑えることを目的として開発されたものです。アミロース含量は17.7%で、「コシヒカリ」の19.0%をしのぐものになっています。このアミロースの含量から、当初は「あみろ17」と命名されました。

「はれやか」は、「ササニシキ」から開発されたもので、早生、耐倒伏性、食味改良を目指したものです。稈長は86センチで「ササニシキ」より７センチ短く、アミロース含量も19.1%で「ササニシキ」よりも１%低いのです。

これらバイオ米は、94年から試験販

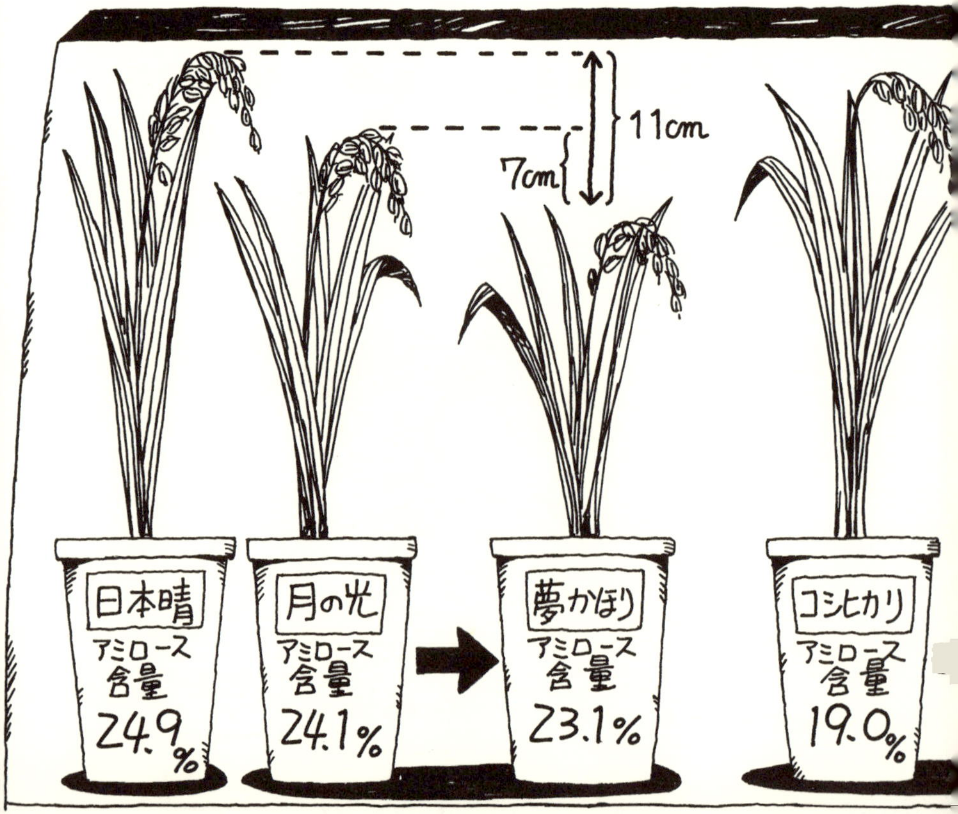

売されましたが、96年6月からのコメの種子市場の開放とともに大規模な種子販売に踏み切り、97年の作付け面積は、3品種あわせて750ヘクタールに達しています。

三井化学、三菱化学と並んで、民間企業で積極的にイネ開発を進めている企業が、日本たばこ産業です。同社は、「さえり」「ななほ」といった従来の交配によって品種の改良を行ったイネの種子を、98年4月より販売しています。これらはバイオ米ではありませんが、同社による遺伝子組み換えイネ開発の布石として注目されています。

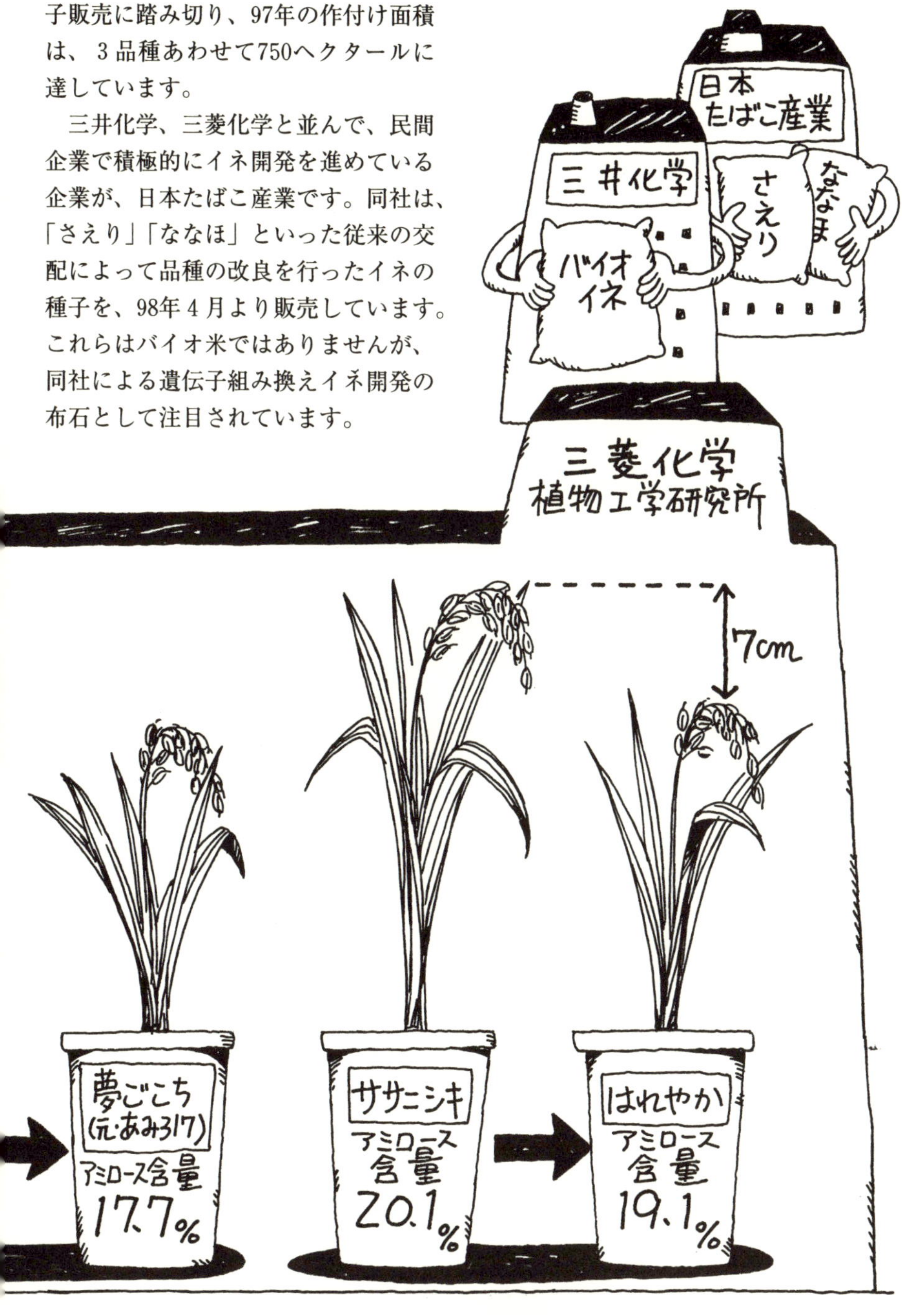

耐病性・アンチセンス法イネ

そしていま、ハイブリッド・イネ、プロトプラスト・イネにつづいて、遺伝子組み換えイネの開発が活発化しています。縞葉枯病ウイルスへの抵抗性をもったイネ「日本晴」と「キヌヒカリ」が、農水省（複数の研究所）と植物工学研究所によって開発されてきました。これが、遺伝子組み換え米としては最初に、食品として流通させるために、厚生省に申請される予定です。

植物には人間の免疫に似た「干渉作用」というものがあります。病原体の毒素を薄めて接種するとその病原体への抵抗力をもつという性質があります。組織培養の際にあらかじめ弱毒を培地の中に入れて、その病原体への抵抗力をもたせることも行われています。その干渉作用を遺伝子組み換え技術を用いて、人為的につくり出したのが、こ

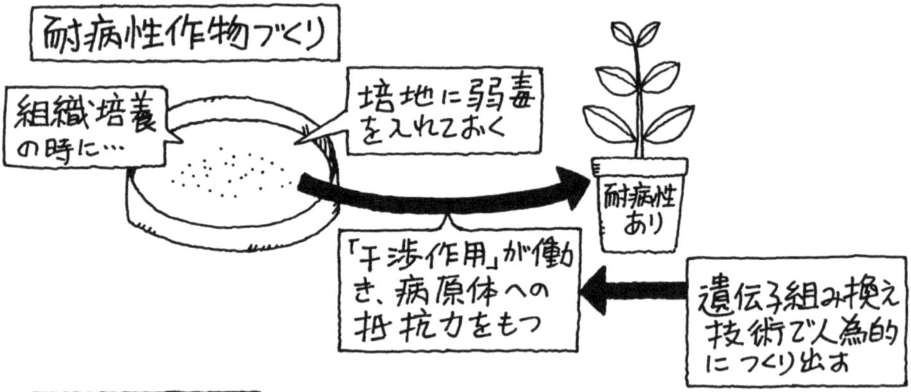
耐病性作物づくり
組織培養の時に…
培地に弱毒を入れておく
耐病性あり
「干渉作用」が働き、病原体への抵抗力をもつ
遺伝子組み換え技術で人為的につくり出す

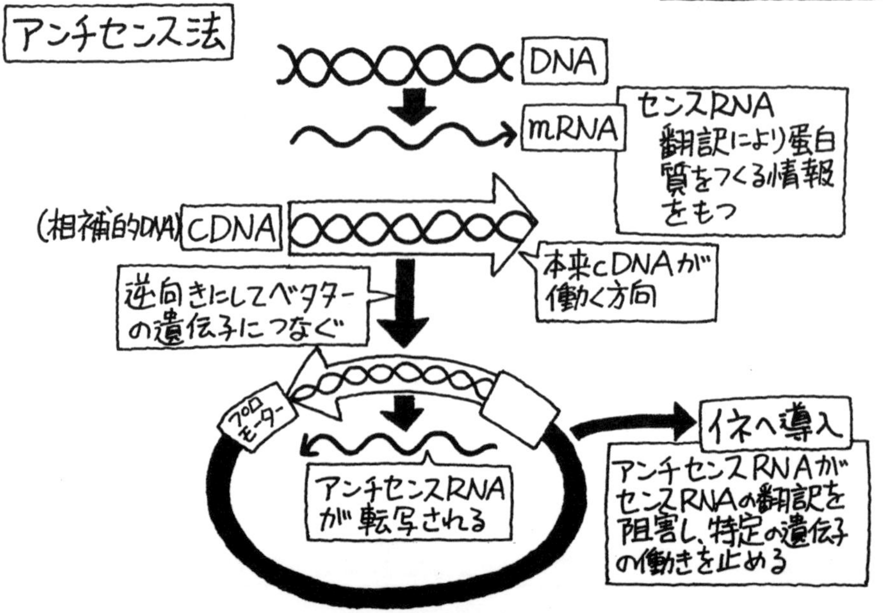
アンチセンス法
DNA
mRNA
センスRNA 翻訳により蛋白質をつくる情報をもつ
(相補的DNA) cDNA
本来cDNAが働く方向
逆向きにしてベクターの遺伝子につなぐ
プロモーター
アンチセンスRNAが転写される
イネへ導入
アンチセンスRNAがセンスRNAの翻訳を阻害し、特定の遺伝子の働きを止める

のウイルス抵抗性イネ開発で、耐病性イネともいいます。耐病性作物づくりは、同じ方法で他の作物でも進められています。

耐病性作物づくりのように、外からよそ者遺伝子を入れる方法とは異なり、遺伝子の働きを止めるという方法も開発されています。人工合成された遺伝子を入れて、特定の遺伝子の働きを封じてしまう方法です。遺伝子の働きを封じ、蛋白質をできないようにするのです。この遺伝子組み換え技術を、アンチセンス法といいます。

このアンチセンス技術を用いて、多種類のイネ開発が推し進められています。コメアレルギーの人向けの低アレルゲン・イネ、食味を改良した低アミロース・イネが三井化学によって開発されており、お酒用米のための低タンパク・イネが、日本たばこ産業によって開発されてきました。低タンパク・イネは低グルテリン・イネともいいます。

三井化学が開発した二つの遺伝子組み換えイネのうち、低アレルゲン・イネは、コメに対してアレルギーをもつ人向けのもので、アレルゲンとなっている蛋白質をつくらせないように、この組み換え技術が用いられています。低アレルゲン米としてすでに資生堂が「ファインライス」を発売しています。このコメは93年５月31日に特定保健用食品に認定されていますが、これは遺伝子組み換え技術を用いたものではなく、酵素処理によってつくられたものです。

またもう一つの、低アミロース・イネは、ワキシー遺伝子というアミロースに関わる遺伝子の働きを封じ、アミロース含量を抑えることで日本人向きのコメをつくろうというものです。アミロースが少ないとねばっこいものになるということは、すでに述べた通りです。

低タンパク・イネは、最初、ナショナル・プロジェクトとして開発されて

きました。取り組んだ組織は国策企業の加工米育種研究所です。その後、このプロジェクトに参加した、日本たばこ産業に受け継がれました。このイネは、良質の酒造用のコメとして開発されたものです。酒造用のコメの成分の中で、蛋白質含量はとくに重要な意味をもっています。その含量が高いと清酒の中のアミノ酸の量が増えて味が低下するからです。蛋白質はコメの表層部に多く、そのため精米して削れば削るほど良質の酒ができることになります。吟醸・大吟醸というのはこのコメの表層部を大幅に削ったものをいいます。

この低たんぱく米は、イネの蛋白質の量を減らすことを目的にしたもので、玄米中に8～10%含まれている蛋白質の80%がグルテリンであることから、これに関わる遺伝子の働きを抑え、グルテリンの含量を減らすことで、米を削らなくても良質な酒が得られるよう開発されたものです。

殺虫性、除草剤耐性イネ

干渉作用とアンチセンス技術のほかにも開発が進められている方法があります。それはイネそのものに殺虫性をもたせようというもので、植物工学研究所が開発してきた殺虫性イネがそれです。生物農薬としてすでに使用されているBT（バチルス・チューリンゲンシス）というバクテリアがつくりだす殺虫性の蛋白質・エンドトキシンをつくる遺伝子を「日本晴」に導入して開発しました。

実験の結果、このイネを食べたニカメイガの幼虫は、最大で50%死に、生き残った幼虫も成育阻害を起こし、2代目をつくれなかったという実験結果を示しました。このエンドトキシンは消化系を乱し吸収阻害を起こさせ、虫を餓死させるという作用があります。この殺虫性という性質は、除草剤耐性と並んで、最も多く開発されている性質で、トウモロコシやジャガイモなどで、すでに実用化されています。

この殺虫性作物は、環境への影響や、食品の安全性で多くの疑問がもたれています。最近でも、『ネイチャー』誌99年12月2日号で、ニューヨーク州立大学のディーパック・サクセナ博士が、BT毒素が付近の土壌に残留し、200

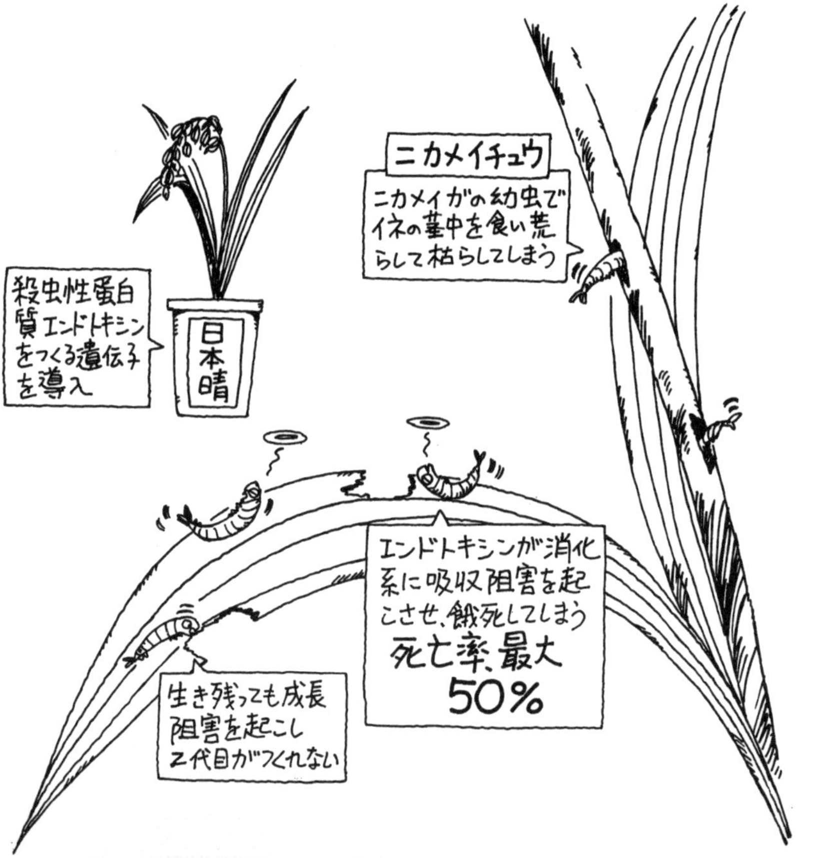

日以上の殺虫能力を維持していたことを報告しています。

その他に日本たばこ産業によって、雄性不稔作出遺伝子を用いた、効率のよいF1イネ開発の方法が確立されました。

さらにはアメリカでは、除草剤耐性のイネの開発が活発です。除草剤を分解する酵素をつくる遺伝子を導入するなどの方法で、除草剤に抵抗性をもつように改変したものです。除草剤に強いと、一度に大量の除草剤を撒くことができ、省力化効果が大きいのです。しかも特定の除草剤に強い作物であるため、その除草剤をセットで売ることができるため、ビジネスとしてのうまみも大きいことから、モンサント社、アベンティス社などの農薬メーカーが積極的に取り組んできました。

その二つの企業が開発した、除草剤耐性イネが、日本で作付け実験を行い、厚生省への申請・承認を経れば、日本での種子・コメの販売が可能になることは、すでに述べた通りです。その他にも、米国では、ベンチャー企業のアグラシータス社によって遺伝子組み換えコシヒカリも開発されています。このアグラシータス社もモンサント社によって買収されています。

従来の交配による品種の改良から、バイオテクノロジーによる改造米へと、コメの新品種開発は劇的な変化を遂げてきたのです。遺伝子組み換えイネの開発は、これまで、耐病性、除草剤耐性、殺虫性、アンチセンス技術応用イネなどの単純な性質を付与したものでした。現在、複雑な組み換え技術を用い、なおかつ高付加価値をもたらし、消費者受けの良いイネ開発へと向かっています。次世代イネです。それについては、第10章で見ていくことにしましょう。

第8章

イネゲノム・ウォーズ

遺伝子特許の時代

いま、国、企業、科学者を巻き込んで、激しいゲノム戦争が起きています。ゲノム解析とは、全遺伝子の解読のことです。どこが最初に遺伝子を解読するか、先陣争いが展開されています。中でも、ヒトゲノムとイネゲノムの二つの分野は、激しいつばぜりあいが演じられているのです。

戦争を仕掛けたのは、米セレーラ・ジェノミクス社であることは、最初に述べた通りです。20世紀は、半導体が産業のコメ粒といわれました。21世紀は、DNA が産業のコメ粒になることが予測されています。それを見越して企業が動き出し、激しい競争になったのです。最初に遺伝子を解読して、特許として押さえ、権利を確保すれば、企業間競争に勝つことになります。早く解読して特許にしろ、これが企業の合言葉です。

遺伝子特許の時代がやってきました。本来、遺伝子は工業製品と異なるため、特許になることはあり得ませんでした。しかも自然界にそのまま存在するものであり、加工した製品でもありません。生命がいつのまにか工業製品並みの扱いになってしまったのです。それが遺伝子特許問題です。

1987年、米国レーガン大統領は、特許庁などの知的所有権を国家戦略として掲げ、その強化策を打ち出しました。翌88年に初めて遺伝子組み換え動物が特許として認められ、次に遺伝子そのものが特許となるか、注目されました。

遺伝子までも特許にするというきっかけが、91年2月、米国大統領競争力委員会がまとめた『国家バイオテクノロジー政策報告書』でした。議長はダン・クエール副大統領（当時）。米国はこの中で、遺伝子特許戦略を打ち出しました。まだその頃は、遺伝子を特許として認めるという考え方はありませんでした。人工合成した遺伝子に関しては特許が認められているが、自然のままにある遺伝子は特許にならない、というのが常識でした。それを覆したのです。この報告書が出された直後に、米NIH（国立衛生研究所）が、ヒトのDNAを機能がはっきり分からない状態で特許申請して、世界的な論争を呼びました。

その時は、時期尚早ということで、特許申請が取り下げられましたが、遺伝子は特許になる、特許を制するものがすべてを制する、という流れがつくられたのです。こうして、特許戦争が激化することになり、世界的なゲノム解析合戦が始まったのです。

遺伝子特許が成立

98年、ついに米国のベンチャー企業、インサイト・ファーマシューティカルズ社が、EST（cDNA 断片配列）特許を取得しました。これが遺伝子特許問題に火を付け、特許戦争を引き起こしたのです。

通常、遺伝子は読み始めと読み終りがあり、その間の塩基配列に基づいて蛋白質が合成されます。その蛋白質が、体の構造になったり、代謝を担ったりして、生命活動が営まれます。その遺伝子の構造と機能の両方が解明されることで、はじめて特許として出願できる基礎ができます。もちろん、それだけで特許は成立しません。さらに求められるのが、独創性と、産業として役立つことです。

EST 特許は、構造も機能も未解明の部分があり、その条件を満たしていません。ところが独創性と、産業として役立つということで、特許が成立しました。その背景には、アメリカの特

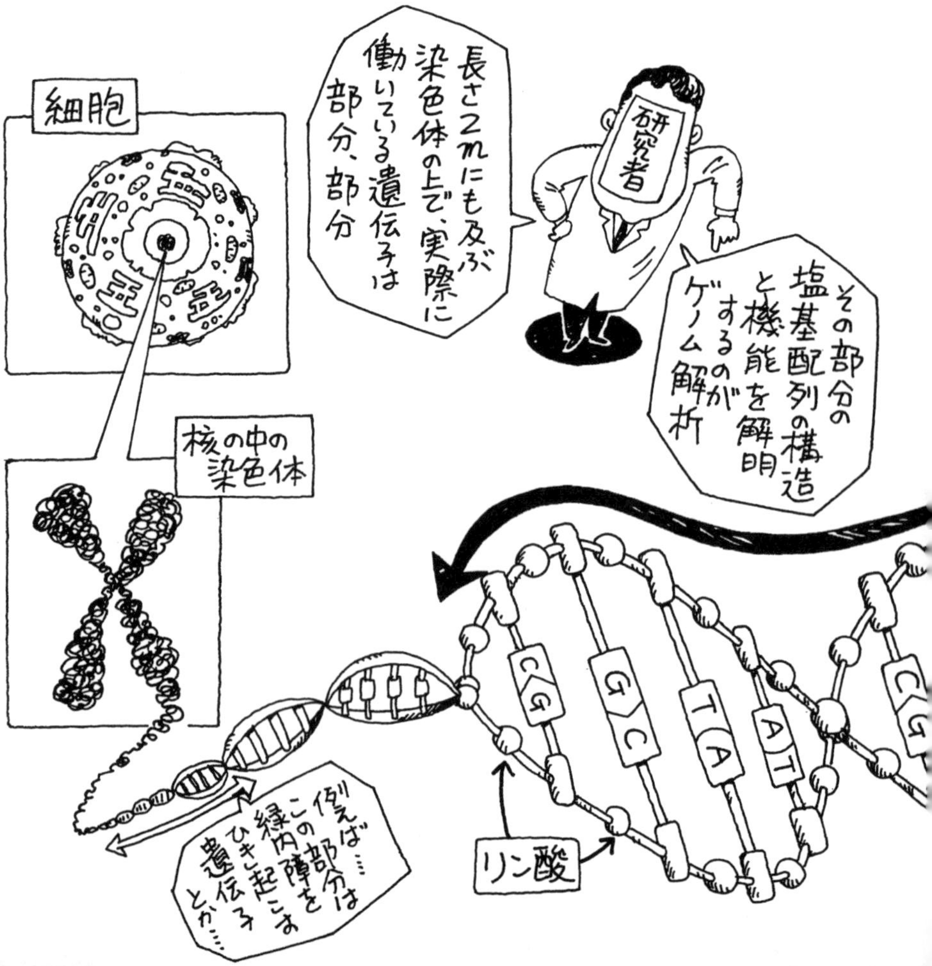

許戦略が色濃くでています。遺伝子特許に関して、いまや世界の流れは、たとえ EST であろうと、「独創性と、産業として役立つこと」さえ満たせば、特許として成立するようになったのです。

他の工業製品が特許として成立する条件である、「独創性と、産業として役立つこと」で、遺伝子までもが特許になるというのは、おかしなことです。遺伝子は自然界にあるもので、本来、独創性などありえないはずです。

このような安易な特許化が、早く遺伝子特許を取ったところが勝ち、という雰囲気をつくり出し、ゲノム解析ベンチャーを次々と誕生させていったのです。そのベンチャー企業の代表格が、セレーラ・ジェノミクス社でした。同社は、膨大な情報量を持つ DNA の塩基配列を片っ端から解読する機械を大量に持っています。その技術を用いて、この分野に殴り込みをかけたのです。このまま行くと、1社によって21世紀の中心産業が握られてしまう、危機感は広がりました。

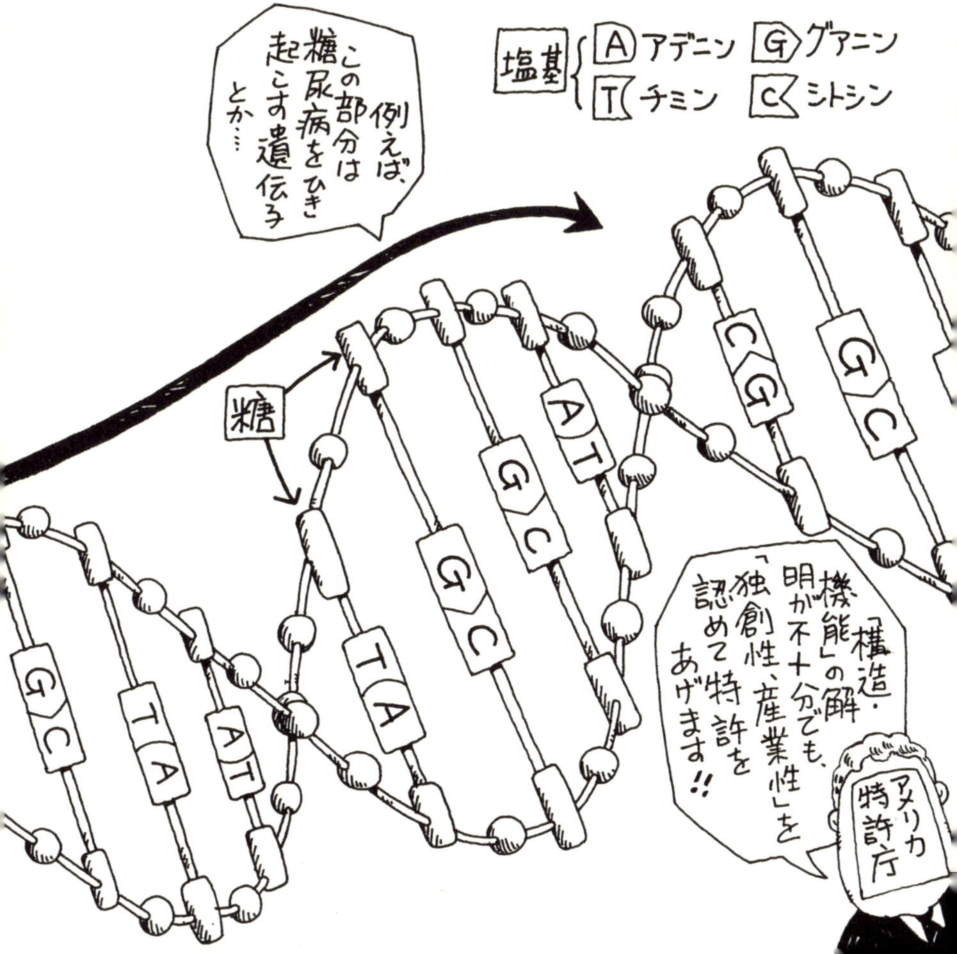
例えば、この部分は糖尿病をひき起こす遺伝子とか…
塩基
A アデニン
G グアニン
T チミン
C シトシン
糖
「構造・機能」の解明が不十分でも、「独創性、産業性」を認めて特許をあげます!!
アメリカ特許庁

ゲノム解析とは？

ゲノム解析は二つの作業によって進められています。一つは地図づくり作業で、もう一つはただひたすら塩基配列を読み取っていく作業です。

地図づくりからの解析は、二つの地図を詳細にしていきながら、その二つを照合して進められます。一つは、イネ RFLP（制限酵素断片長多型）連鎖地図という、地図づくりです。染色体を制限酵素でばらばらに切断して作った地図です。そこから4段階にわたって、どんどん詳細な地図をつくっていきます。

もう一つは、染色体地図づくりです。遺伝子の位置は、染色体地図に基づきます。染色体地図とは、100年にわたる育種の歴史によって、染色体上のどこにどんな性格の遺伝子があるか、おおよそ検討をつけて、つくり上げられてきた地図です。染色体上で近い位置にあると一緒に遺伝する確率が高くなり、離れていると一緒に遺伝しない確率が高くなります。この原理を応用してつくられた地図です。

この染色体地図と、RFLP 連鎖地図と対照しながら、絞り込んでいくのです。これによって、遺伝子が染色体の断片のどのあたりに乗っているかを確

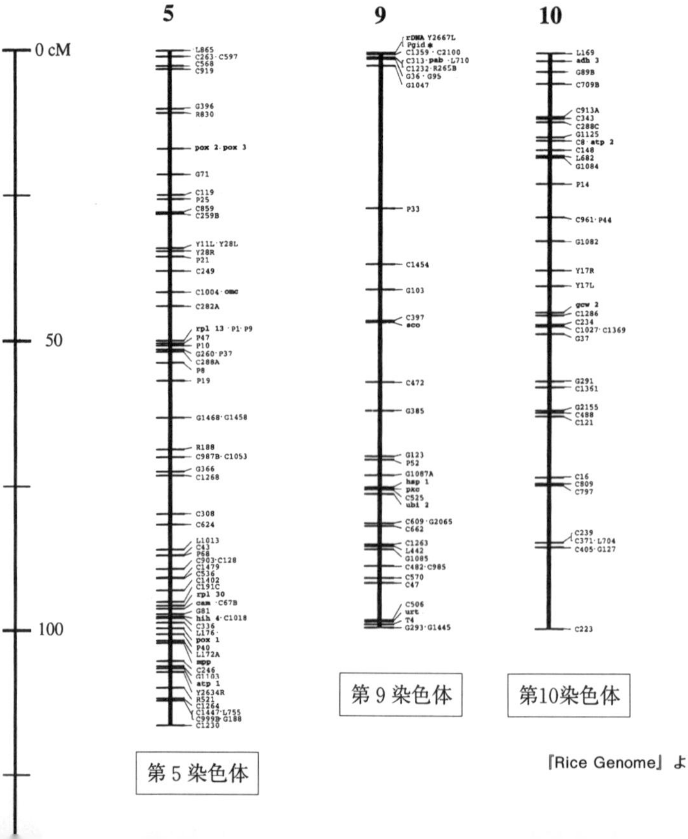

解析されたイネの遺伝子連鎖地図

『Rice Genome』より作図

定していく作業が進められています。これが地図づくりです。

もう一つの方向は、ただひたすらcDNAの塩基配列を読み取る作業が行われています。cDNAというのは、mRNAから逆転写して得られるDNAです。DNAには、遺伝子として働いている部分と、働いていない部分があり、働いていない部分の方が大半を占めています。DNAの情報がRNAに伝えられる際に、その働いていない部分がカットされます。そのためカットされた情報から逆転写でDNAをつくると（これをcDNAという）、働いていないDNAの部分をカットしてDNAの塩基配列を読み取っていくことができます。これを構造解析ともいいます。

cDNAの構造解析と、地図づくりを組み合わせて、はじめて遺伝子の構造と機能の両方が分かるのです。現在は、cDNAの構造解析が先行しています。セレーラ・ジェノミクス社が進めているのも、この塩基配列をひたすら読み取るcDNAの構造解析です。同社が取り入れた最先端の方法が、ホール・ゲノム・ショットガン法です。大量の解析機械を並べて、ゲノム全体を断片化し、片っ端から読み取っていき、コンピュータでつなげるという方法です。

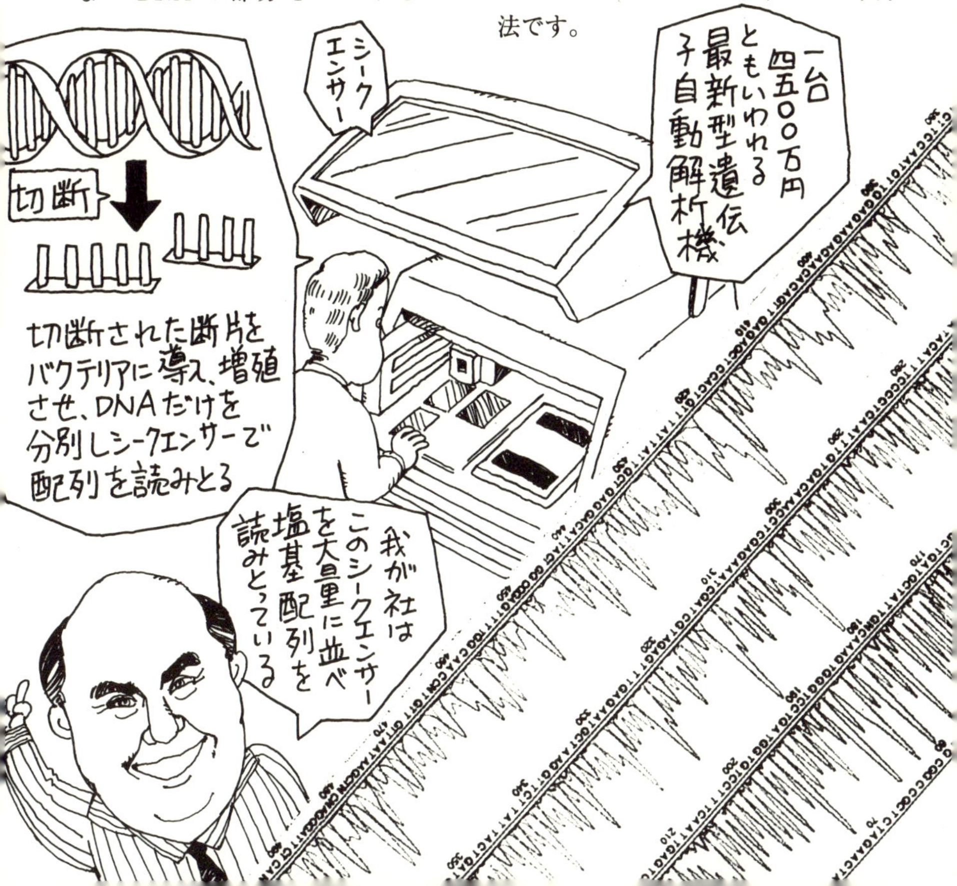
切断
切断された断片をバクテリアに導入、増殖させ、DNAだけを分別しシークエンサーで配列を読みとる
シークエンサー
一台四五〇〇万円ともいわれる最新型遺伝子自動解析機
我が社はこのシークエンサーを大量に並べ塩基配列を読みとっている

セレーラ旋風に対抗して

99年5月6日にセレーラ社が解析を始めた、ショウジョウバエのゲノムは、9月9日には、全塩基配列を決定しています。これを予備的な実験にして、ヒトゲノム、イネゲノムと進んでいます。これまでヒトゲノム解析計画は、国際共同プロジェクトとして取り組まれてきました。人類の共有の財産であり、独占せず公開を原則にしてきました。しかし、同時に遺伝子が特許になることから、早く解読すれば権利として押さえることができる、という矛盾をもちながら進行してきました。その矛盾をついたのが、セレーラ・ジェノミクス社です。

これまでヒトゲノム解析計画を先導してきた米英仏がさっそく動きだし、米 NIH や英サンガー・センターなどが計画の前倒しを発表しました。フランスも対抗して、ゲノム関連予算を大幅に増額、米英に負けてはならじと追いかけています。日本もそれに負けじと、追いかけはじめました。

全塩基配列が決定されると、それがデータベースになり、そこから機能解析が始まることになります。全塩基配列の決定から、今度は、直接特許に結びつく機能解析での、つばぜりあいの競争が始まります。

それを見越して、米国内の企業は、全力を挙げてゲノム解析に資金を投入しています。米国では、国家戦略としていち早く取り組むと同時に、大学、民間企業の取り組みも活発です。98年9月28日、アメリカ科学財団（NSF）は、植物ゲノム解析に5年間で総額8500万ドルを投入することを発表しました。米モンサント社は、米ベンチャー企業のミレニウム・ファーマシューティカルズ社との共同研究で、植物ゲノム解析に5年間に1億8000万ドルを投入することを決めています。

米デュポン社は、世界最大の種子企業である米パイオニア・ハイブレッド・インターナショナル社と提携して、トウモロコシ・ゲノム解析を進めるなど、モンサントに対抗して活動範囲を拡大しています。米ダウ・ケミカル社は、米バイオソース・テクノロジー社と提携し、ベンチャー企業のアグリトレイツ社を設立し、ゲノム解析を進めています。スイスのノバルティス社は、ゲノム解析で遺伝子発現解析技術をもつ米アケイシア・バイオサイエンス社と提携することを決めました。しかも植物ゲノム解析に10年間で総額6億ドルを投じることを、98年7月21日に発表しています。ゲノム解析で先行する企業が、世界の食糧生産を支配できる、と踏んでの資金投入です。

イネ遺伝子解読を狙う
特許戦争
ダウ・ケミカル社
バイオソース・テクノロジーと提携
スイスノバルティス社
アケイシア・バイオサイエンスと提携、植物ゲノム解析に10年間で6億ドル
モンサント社
植物ゲノム解析に5年間で1億8000万ドル
アメリカ科学財団
植物ゲノム解析に5年間で8500万ドル

日本政府も反撃

日本もまた、先行する米国に対抗する動きを見せています。米国の場合、民間企業が特許取得に目標をおいて取り組んできました。その結果、ベンチャー企業を中心にした、激しい競争がゲノム解析のスピードをアップさせてきました。それに対して、日本は国家主導です。

99年1月29日、農水省、通産省、文部省、厚生省、科学技術庁の5省庁は、共同で「バイオテクノロジー産業の創造に向けた基本方針」を発表しました。8年遅れでつくられた、日本版「国家バイオテクノロジー戦略」です。中身を見ると、バイオテクノロジーに重点的に投資と制度改革を行い、2010年までに市場規模を25兆円、新規創業数を1000社まで拡大させる目標を掲げています。

99年6月8日には、日本バイオ産業人会議が設立されています。代表世話人には、バイオインダストリー協会理事長で、味の素相談役の歌田勝弘氏が就いています。世話人には、富士通、

日立製作所、アサヒビール、三菱化学など、バイオ関連企業の社長クラスが名を連ねています。設立の日には、このまま行くと、ゲノム戦争での日本の敗北が必至と見て「わが国バイオ産業の創造と国際競争力強化に向けて」と銘打った緊急提言を行っています。

バイオテクノロジーは21世紀の中心的な産業になる、世界の産業界は、すでにそのように読んで動き出しています。日本の産業界も、遅れまいと必死です。

1999年7月1日付
『日本経済新聞』

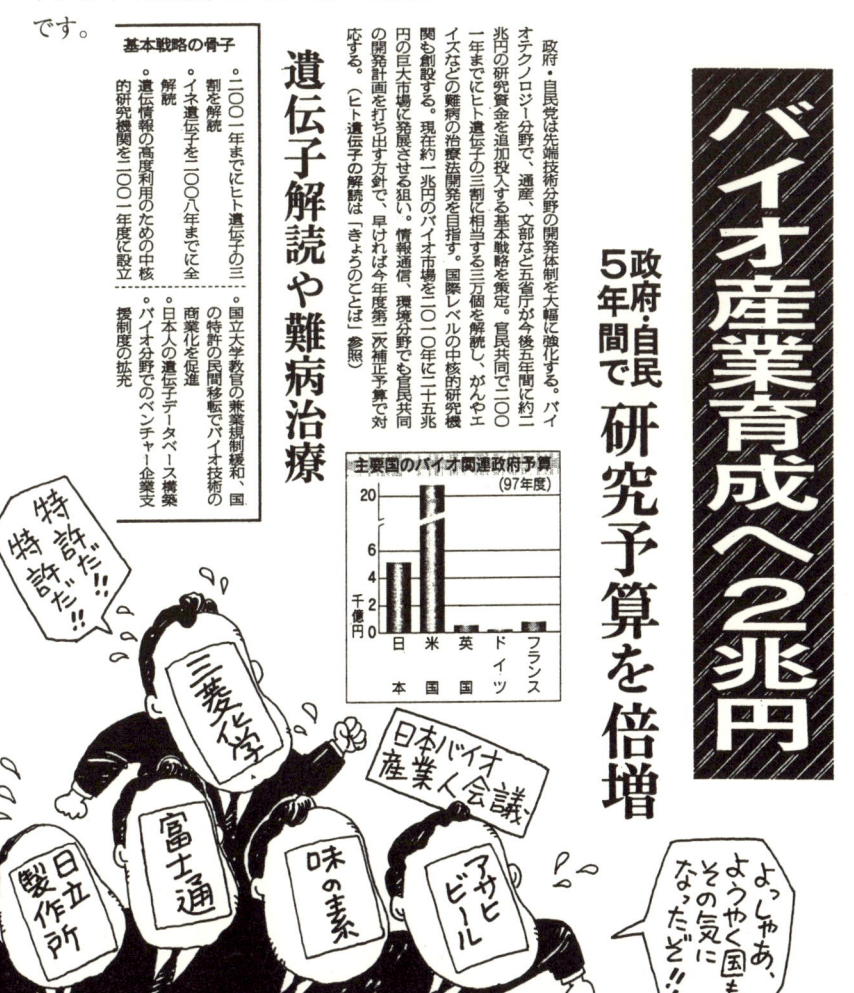

バイオ産業育成へ2兆円

政府・自民 5年間で 研究予算を倍増

政府・自民党は先端技術分野の開発体制を大幅に強化する。バイオテクノロジー分野で、通産、文部など五省庁が今後五年間に約二兆円の研究資金を追加投入する基本戦略を策定。官民共同で二〇〇一年までにヒト遺伝子の三割に相当する三万個を解読し、がんやエイズなどの難病の治療法開発を目指す。国際レベルの中核的研究機関も創設する。現在約一兆円のバイオ市場を二〇一〇年に二十五兆円の巨大市場に発展させる狙い。情報通信、環境分野でも官民共同の開発計画を打ち出す方針で、早ければ今年度第二次補正予算で対応する。（ヒト遺伝子の解読は「きょうのことば」参照）

遺伝子解読や難病治療

主要国のバイオ関連政府予算（97年度）

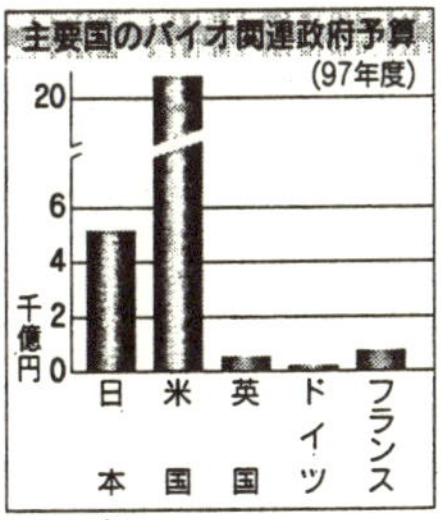

基本戦略の骨子

- 二〇〇一年までにヒト遺伝子の三割を解読
- イネ遺伝子を二〇〇八年までに全解読
- 遺伝情報の高度利用のための中核的研究機関を二〇〇一年度に設立
- 国立大学教官の兼業規制緩和、国の特許の民間移転でバイオ技術の商業化を促進
- 日本人の遺伝子データベース構築
- バイオ分野でのベンチャー企業支援制度の拡充

特許だ!!特許だ!!
三菱化学

7月13日には、5省庁が「バイオテクノロジー産業創造に向けた基本戦略」を発表しました。この戦略の中心的な課題は、なんといってもゲノムであり、ゲノム解析のための戦略といってもよいほどです。

イネゲノムに関しては、2万種のノックアウト・イネづくりに取り組み、2008年までに全塩基配列を決定する、というものです。

ノックアウト・イネとは、遺伝子の機能を見るため、特定の遺伝子の働きを止めたイネのことです。このノックアウト・イネづくりのために用いられるのが、トランスポゾンと呼ばれる「動く遺伝子」です。DNAの上を自由自在に動きまわる、風変わりな遺伝子です。そのトランスポゾンに目印を付け、割り込ませていきます。そうすると割り込まれた遺伝子の機能が停止することになります。

こうして特定の遺伝子の働きが止められたノックアウト・イネができます。遺伝子の働きを止めると、イネの特定の機能が奪われます。そこから逆算して、遺伝子の機能を読み取ることができます。このようにイネゲノム解析プロジェクトは、当初計画よりもスピードが速められました。

イネの全塩基配列を解明せよ!!
あっヘンな風……
さわ　さわ
さわ
さわ　さわ　さわ
さわ　さわ　さわ

増える国家予算

農水省が「イネゲノム・プロジェクト」を7カ年計画でスタートさせたのは、91年度のことでした。97年度には第1期が終了、98年度から第2期がスタートしました。他のゲノムはいざ知らず、イネゲノムだけは最も進んでいました。今期は10カ年計画で、最後の年には全塩基配列を決定する予定でした。そこに突如訪れたのがセレーラ・ジェノミクス社の宣言や欧米政府や多国籍企業の攻勢です。計画を前倒しせざるを得なくなったのです。

2000年度の国家予算全体の中での、バイオ関連予算は約3470億円と、99年度の2865億円に比べて、実に21%の増額です。緊縮財政の中で異例の伸びを示しています。中でも伸びたのがゲノム関連予算で、2倍以上の561億円に達しました。

なぜ、これだけの増額が可能だったかというと、小渕内閣が設けた「経済新生特別枠」の中の非公共事業部門分である「ミレニアム（千年期）・プロジェクト」があったからです。この

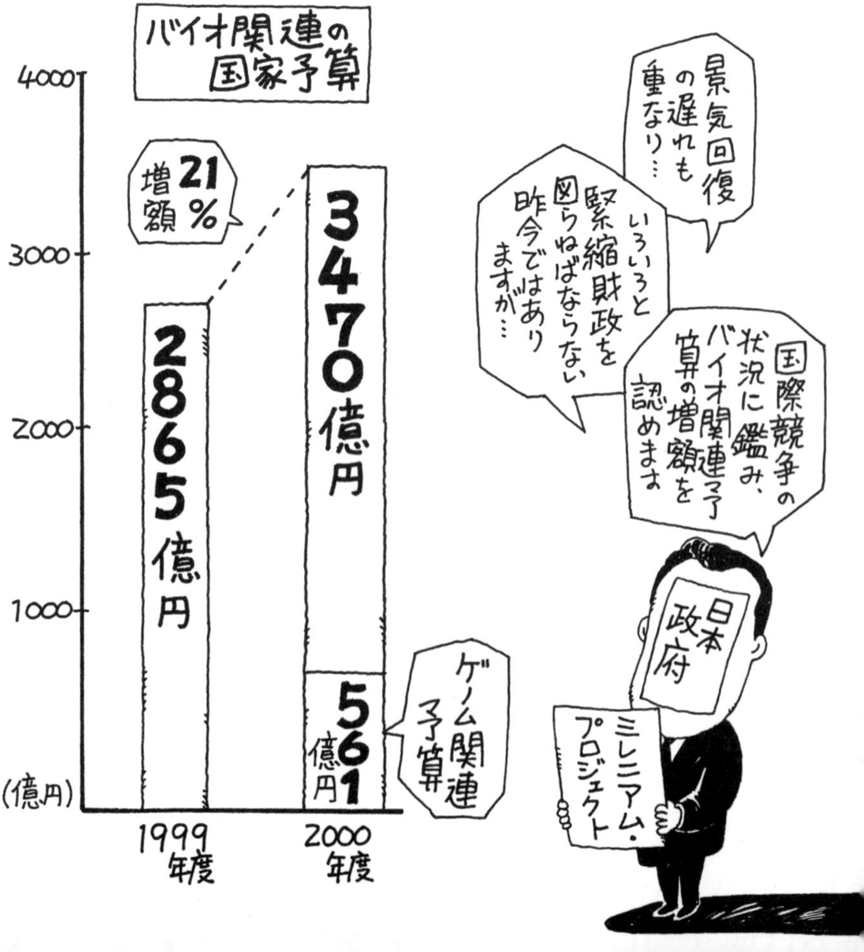

「ミレニアム・プロジェクト」は、バイオ、環境、情報を三大柱にしていますが、なんといっても突出した取り組みを見せているのがバイオであり、バイオの中ではゲノム解析です。

農水省の2000年度のバイオ関連予算は216億1800万円と、前年度の28%増です。農水省全体の予算が、0.7%増とほとんど増えなかったのと比較して、突出した伸び率となりました。イネゲノム解析を中心にしたゲノム関連予算も、43億6800万円で46%増であり、しかも昨年度の補正予算でのゲノム関連予算の47億円をプラスすると、実に90億円以上になっており、これは昨年度の当初予算の約3倍です。

現在、イネゲノム解析は、国際プロジェクトとしても取り組まれています。イネゲノム解析国際コンソーシアム（IRGSP）は、日、米、韓、中の5カ国から始まり、台湾、タイ、仏、加、インドがその後加わり、10カ国で行われています。一方で国際協調で行われ、他方で競争が展開されるという、矛盾の多い解析合戦です。

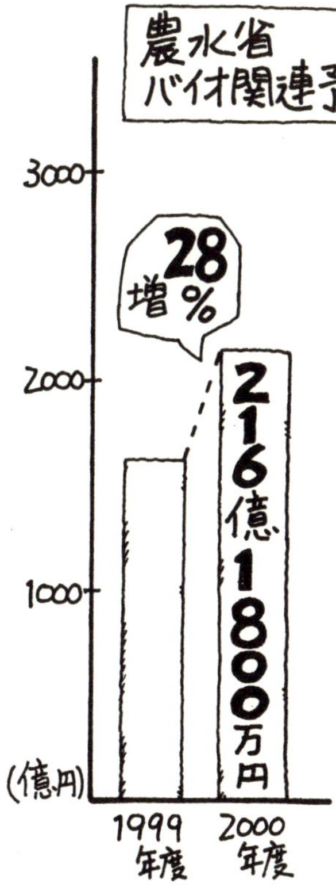

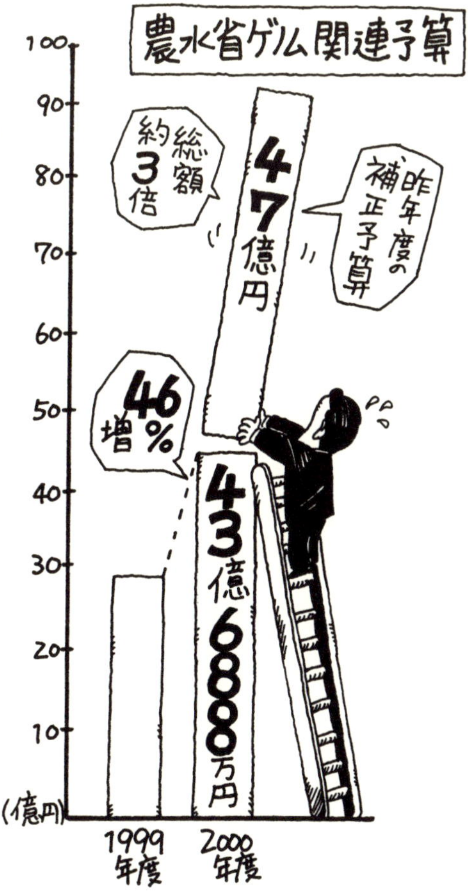

21世紀グリーン・フロンティア計画

農水省が、イネゲノム解析プロジェクトの次のステップとして打ち出したのが、21世紀グリーン・フロンティア計画です。このプロジェクトの柱は、イネゲノムでの全塩基配列決定後の次のステップです。その柱になっているのが、構造解析したイネのゲノムの発現や機能を確認していく作業です。

この計画は、三つの分野に分かれています。一つは塩基配列を決定したイネゲノムの発現や機能を確認していく作業です。その発現・機能を確認するためにDNAマイクロアレー技術を導入することになりました。

二つ目は、そのイネゲノムで解読さ

れた遺伝子を用いた次世代遺伝子組み換え作物の開発と、体細胞クローン動物の開発です。体細胞クローンは、遺伝子組み換え動物の増殖の技術として有効です。

三つ目は、人間の遺伝子などを導入して、昆虫、動物、植物に人間にとって有用な蛋白質を大量につくらせる、実用化研究です。それぞれ昆虫工場、動物工場、植物（細胞）工場という名前がつけられています。昆虫や動物、植物の細胞に人間の蛋白質をつくらせ、医薬品や食品添加物などに用いようというもので、昆虫などを工場と位置づけた応用技術です。この生命工場については、第10章で触れることにします。

ゲノムウォーズでの日本の反撃がやっと始まりました。企業にとって作物

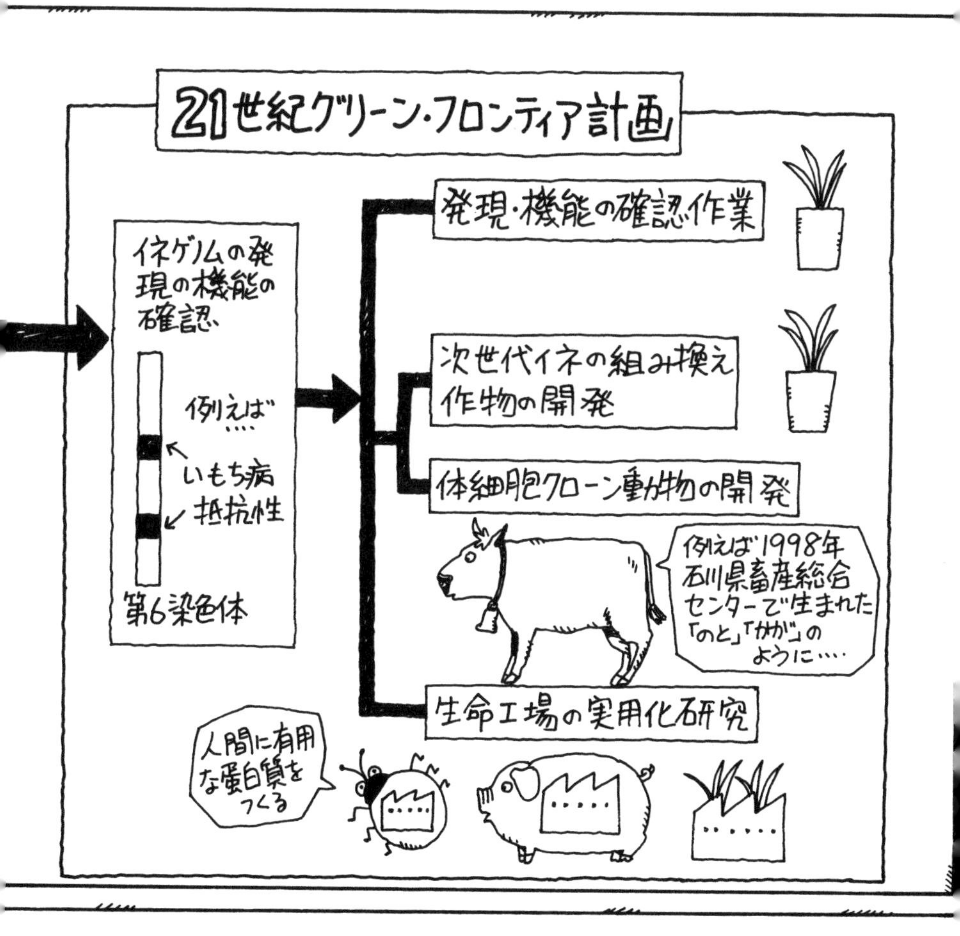

の研究や開発の基礎となるものです。しかし、この戦争は、本来、食糧問題の主役であるはずの、農業生産者や消費者や市民のいないところで行われている戦争です。

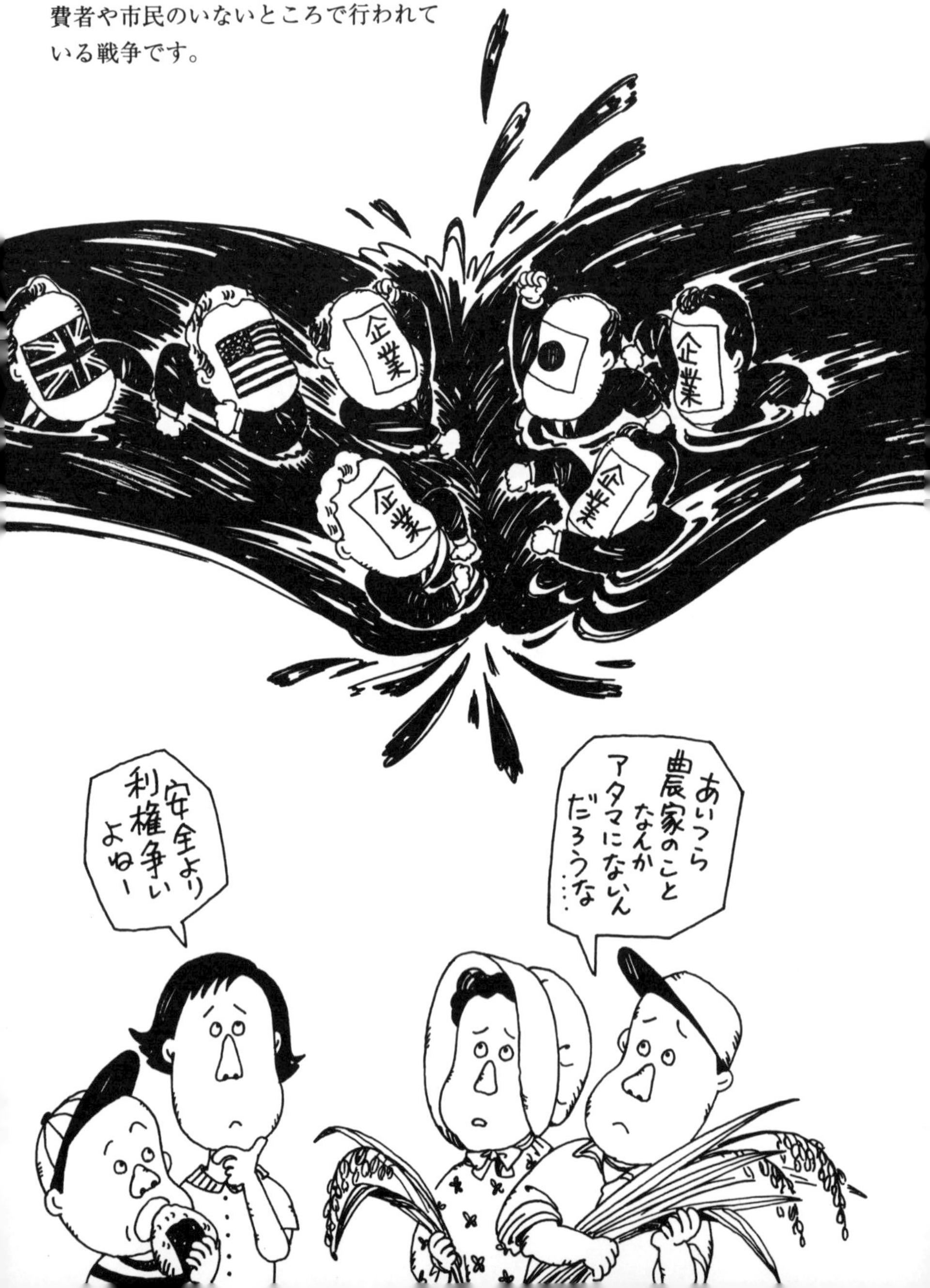

第9章

化学産業の行き詰まりと戦略転換

農薬と生物の異変

環境ホルモン、ダイオキシンなど化学物質による環境汚染が深刻化しています。とくに問題になっているのが、農薬汚染です。現在、環境ホルモンとしてリストアップされている化学物質の過半数が農薬であり、消費者の批判が強まり、事態は深刻です。

裏返すと、近い将来、化学農薬が使えない、あるいはほとんど使えない時代がくることが予測されています。化学企業や産業界にとってみれば、自分たちの存続そのものがかかってきたといえます。そのような事態に対処するために、いま化学農薬に取って代わる新しい手段の開発が活発化しています。

化学物質がホルモンに影響を及ぼし、自然界に異変を引き起こした最初の事例は、やはり農薬でした。有機塩素系農薬の代表であるDDTが撒かれ始めた1946〜48年頃、鳥たちの卵の殻が薄くなり、壊れやすく、ヒナの数が減少していることが、イギリスで報告されました。農薬が性ホルモンを攪乱し、カルシウムの代謝に異常をもたらし、卵の殻のカルシウム量を少なくしたからでした。

60年代中頃から70年代初めにかけて、アメリカ・カリフォルニア州のアナカパ島にすむペリカンの間で、ヒナがほとんどできない状態がつづきました。育った若鳥はわずかで、卵の殻も薄く、親鳥が卵を抱くと壊れてしまうような

状態でした。

鳥たちの異常行動も起きました。親鳥が自分が産んだ卵を壊し始めたのです。自分たちのカルシウム不足を補うために卵の殻を食べ始めたのです。

さらには海鳥や動物たちが群れをなして死に始めていることが、報告されました。60年代中頃に、オランダで多数のメスのケワタガモが死亡しているのが見つかったことがあります。その鳥たちからも多量のディルドリンやDDTなどが検出されました。群れをなして死んでいる鳥や動物たちを解剖すると、その化学物質の致死量よりもはるかに少ない量で死んでいるケースがほとんどでした。甲状腺ホルモンに影響を及ぼし、免疫力が低下し、ウイルスに侵されたからだと考えられています。

農薬が、工場や農地から流入し、海洋生物に影響が出たという事例も報告されています。アメリカ・フロリダ州、フロリダ半島の湖に棲むワニが激減しました。中でも最も汚染がひどいのがアポプカ湖で、近くに立地する農薬工場からジコホル（ケルセン）やDDTが流失して湖を汚染した結果、ワニの生殖機能に大きなダメージをもたらしたからでした。

これまでもダイオキシン類や農薬などのいくつかの化学物質で、動物だけでなく、人間でも生殖機能障害などが報告されています。

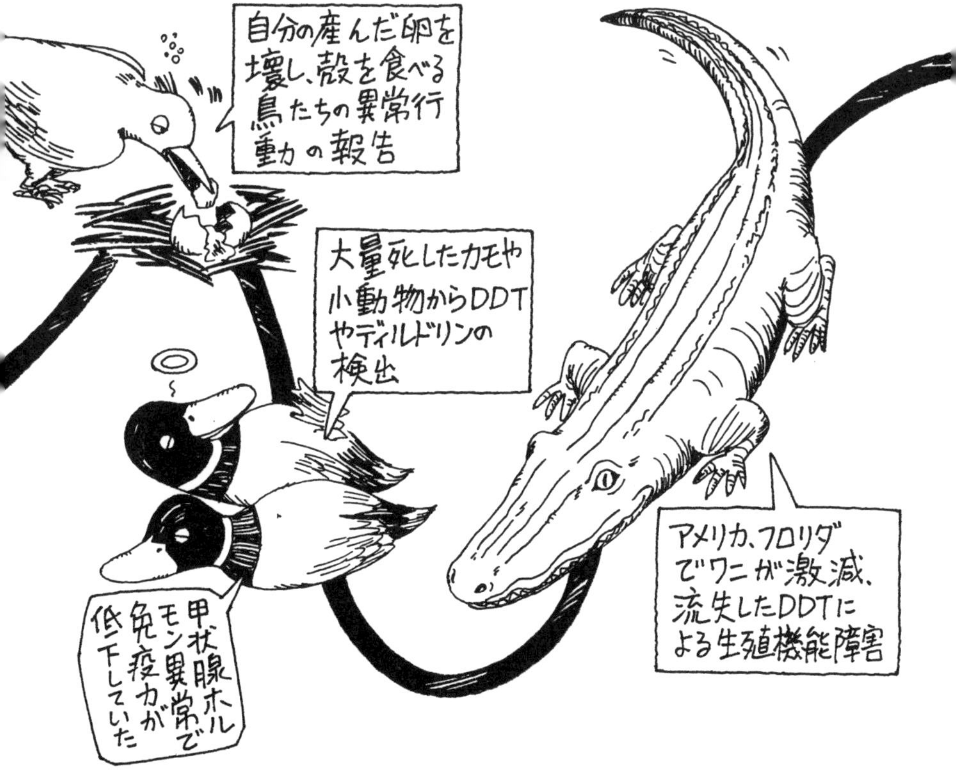
自分の産んだ卵を壊し、殻を食べる鳥たちの異常行動の報告
大量死したカモや小動物からDDTやディルドリンの検出
甲状腺ホルモン異常で免疫力が低下していた
アメリカ、フロリダでワニが激減、流失したDDTによる生殖機能障害

化学からバイオへ、メーカーの生き残り作戦

　環境ホルモンは化学産業を直撃しました。中でも農薬メーカーは、21世紀の生き残りをかけた方向転換をすでに始めました。化学からバイオへの転換です。日本政府は、国家バイオテクノロジー戦略を打ち出し、国を挙げてバイオ振興にあたり、農水省も「21世紀グリーン・フロンティア計画」などのバイオ振興政策を積極的に推し進めています。

　現在、遺伝子組み換え作物を支配している主な企業は5社。モンサント社(米)、アベンティス社（独・仏)、アストラ・ゼネカ社（英)、デュポン社(米)、ノバルティス社（スイス）で、いずれも巨大・多国籍化学メーカーです。しかも農薬をつくっているところにも共通点があります。なかでもモンサント社は、「モンスター」という異名をもち、バイオテクノロジー応用農業で独占的な地位を築いてきました。

　アベンティス社は、ドイツのヘキスト社とフランスのローヌ・プーラン社が合併して誕生した化学メーカーです。アストラ・ゼネカ社は、イギリスのゼネカ社とスウェーデンのアストラ社が合併してできた企業です。ノバルティ

ス社は、共にスイスのチバガイギー社とサンド社が合併して誕生した化学メーカーです。

その後、モンサント社が、米ファーマシア＆アップジョン社と合併することを決定しました。新会社の名前はまだ決まっていません。さらには、５大メーカーの中のアストラ・ゼネカ社とノバルティス社が共同でバイオ新会社のシンジェンタを設立しました。

このように化学企業が次々と合併を行い、競争力をつけながら、業界を挙げてバイオテクノロジーへの転換を進めてきました。このように化学製品から、バイオテクノロジーに転換して乗り切ろうというのが、化学企業の戦略です。しかし、食品となったときの安全性が問題視され、生態系への影響が出始めました。また、遺伝子が特許として押さえられたり、種子が一部の化学企業に握られるため、世界の食糧が特定の企業に独占されるという事態が進行しています。

積極的に転換を図る企業に対して、農家や消費者は不安を募らせています。日本農業・農家のための転換ではなく、環境問題に配慮した転換でもなく、消費者のための転換でもなく、化学企業の都合による転換だからです。

バイオ医薬品

化学企業の転換を、いくつかの分野で見ていくことにしましょう。その一つが、化学医薬品からバイオ医薬品への転換です。

1980年代初め、バイオ医薬品は「夢の新薬」として脚光を浴び登場しました。とくにがんやエイズ、遺伝病などの難病を克服できるのでは、と期待されました。最初に登場したバイオ医薬品は、それまで量的にわずかしか入手できなかった生理活性物質のホルモン、酵素、インターフェロン、抗体などを、遺伝子組み換えや細胞培養などを使って大量生産したものでした。

遺伝子組み換えによってつくられたバイオ医薬品第1号が、糖尿病の治療薬ヒトインシュリン「ヒューマン」でした。米イーライリリー社がバイオ・ベンチャーのジェネンテック社と提携して開発した薬で、日本では塩野義製薬が1986年から販売し始めました。

しかし、初期のバイオ医薬品は、期待されたような画期的な効果を発揮するまでには至りませんでした。とくに

インターフェロンは、夢の抗がん剤とまでいわれながら、適応できる分野はごく一部で夢はすっかりしぼんでしまったのです。バイオ医薬品全体に対する評価も一時下がりました。しかし、90年代に入り、売り上げが急速に伸びました。

きっかけはインターフェロンがC型肝炎に効果があることが分かってからです。血液製剤や診断薬などで次々と新製品が登場しました。さらには新しく登場した遺伝子診断・遺伝子治療が、新しいバイオ医薬品の市場をつくりだしました。これからは「ゲノム創薬」「オーダーメード医療」という分野が注目されています。一人ひとりの遺伝子に応じた治療や医薬品投与を行う医療です。

もともと医薬品は利益率が高く、化学企業にとっては魅力的な分野です。しかも化学医薬品や抗生物質に限界が見えてきたこと、バイオテクノロジーの発達によって、バイオ医薬品開発が容易になったことから、いまや次世代の医療や医薬品の主役になりつつあるのです。

生分解性プラスチック

医薬品以外にも、化学からバイオへという戦略転換が行われています。その一つが、プラスチックに代わる、生分解性プラスチックです。この分野の開発・製造で、もっとも積極的に取り組んでいる企業が、穀物メジャー・ナンバー１企業のカーギル社です。同社はいま、バイオ部門を充実させ、企業規模を拡大しつつあり、生分解性プラスチックでは、97年11月に化学メーカーのダウ・ケミカル社と合弁企業、カーギル・ダウ・ポリマーズ社を設立しています。

またオランダ・ピューラック社と対等の出資で、生分解性プラスチックの原料である乳酸の製造工場を、カーギル社の敷地内につくっています。そのオランダ・ピューラック社は、98年に日本法人を設立、日本での事業展開を開始しています。日本の企業としては、昭和電工の関連企業・昭和高分子が、ポリ乳酸を用いた生分解性プラスチックの開発で、カーギル社と提携しています。いま、カーギル社を軸に、国際的な開発合戦が始まりつつあるといってよいほどです。

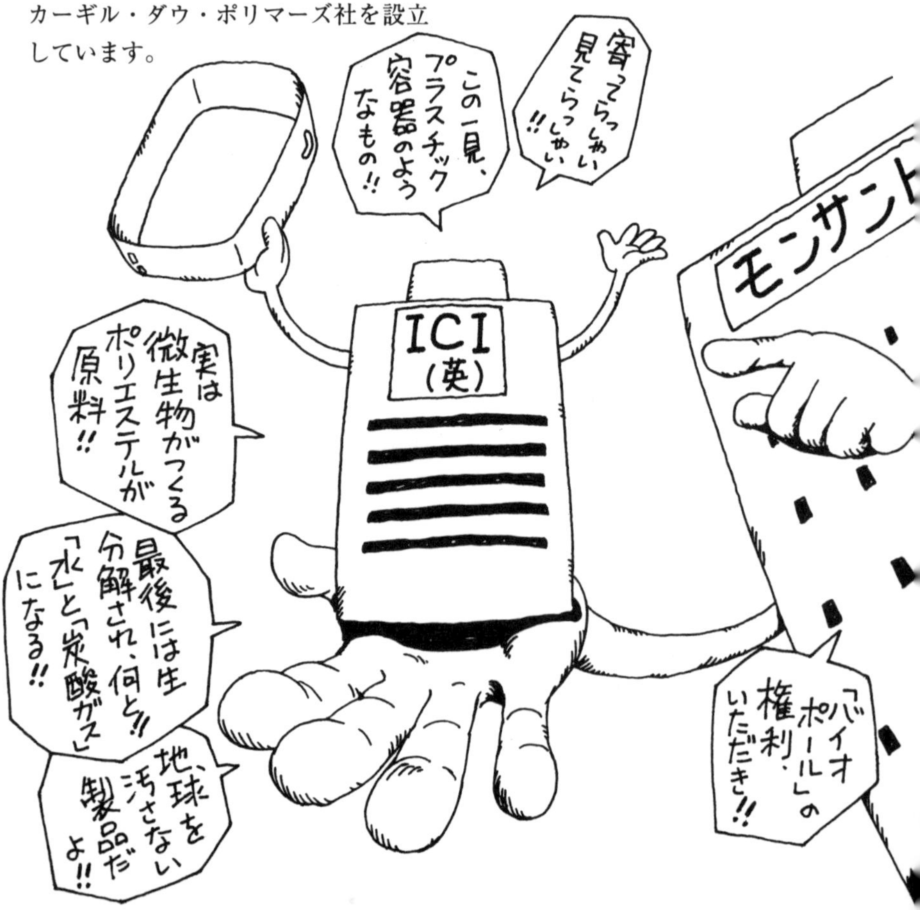

この生分解性プラスチックの先駆的な製品は、イギリスの化学企業のICIが開発した「バイオポール」でした。この製品は、微生物がつくるポリエステルを原料にしたものです。ポリエステルは人間でいえば脂肪、植物でいえばデンプンにあたります。栄養がなくなると微生物はポリエステルを食べて生き延びます。

このポリエステルは、微生物にとって重要な活力源であることから、微生物によって分解され、最後は水と炭酸ガスになります。この「バイオポール」の権利がその後、米モンサント社へ移行しました。

日本では、昭和電工、日本合成化学工業、三菱ガス化学、三井化学などの化学企業が中心になって開発を進めています。やはり化学企業の開発合戦が起きている分野なのです。

生分解性プラスチックの原料となる作物のトウモロコシやテンサイ、あるいは微生物などの生産効率をあげるために、遺伝子組み換え技術で改造する試みも進んでいます。こうなると本末転倒です。環境に優しい技術も、環境破壊に転じる危険性があるからです。

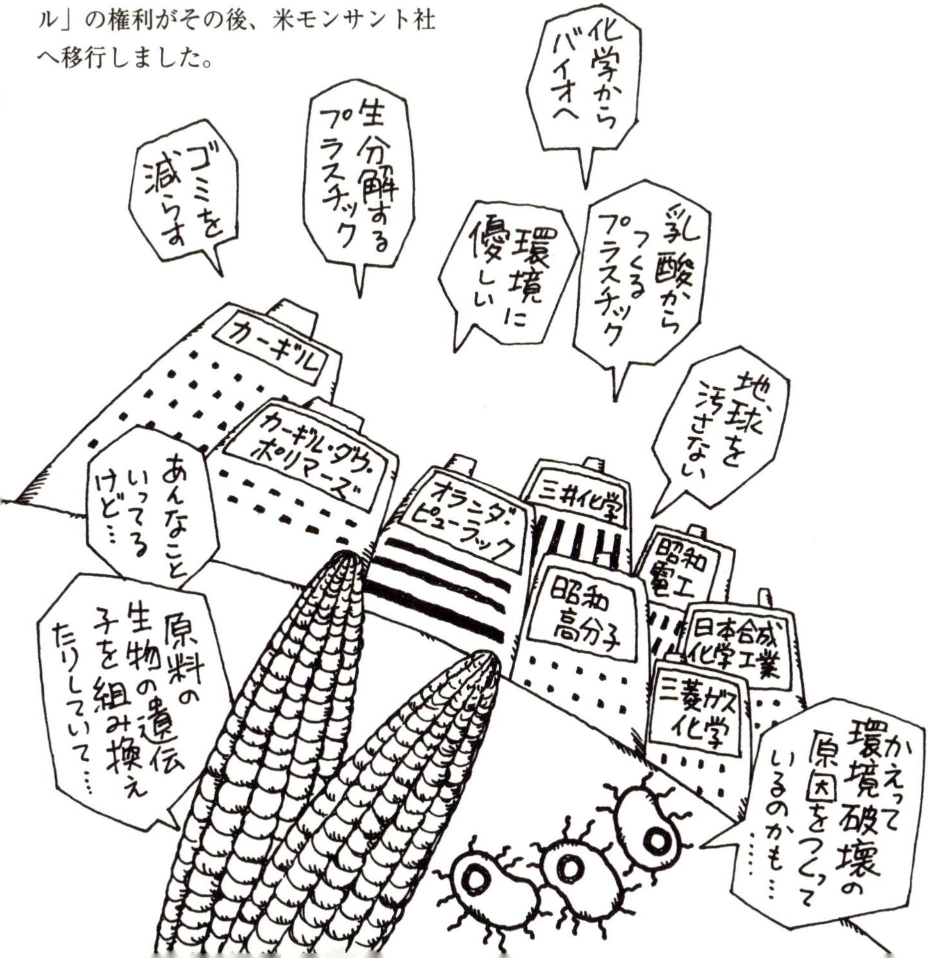

バイオ化粧品

化粧品もまた、化学物質の集合体からバイオへと転換が進められています。バイオ化粧品は、バクテリアなどを用いた発酵法で、材料を製造した製品から始まりました。発酵には、バクテリアを用いる方法と、酵母を用いる方法があります。発酵法でつくった最初の化粧品が「ソホロリピッド」です。いってみれば、酵母という生体が生産する界面活性剤です。化学合成した界面活性剤と、生物がつくる界面活性剤では、どのような違いがあるのか、まだよく分かっていませんが、化粧品の基本は界面活性剤であり、バイオ化粧品は、その界面活性剤を生物につくらせたところから始まりました。

1982年に、初めてバイオ化粧品という名前をつけて、SKⅡピテラという酵母を利用した化粧品が発売されました。これは、この酵母が発酵した際に分泌する物質が、保湿性に優れているという理由で製品化されたものです。

SKⅡピテラにつづいたのが、ヒアルロン酸やシロタ・エッセンス・シリーズです。特定の放線菌が分泌するヒアルロン酸は、保湿性に優れている

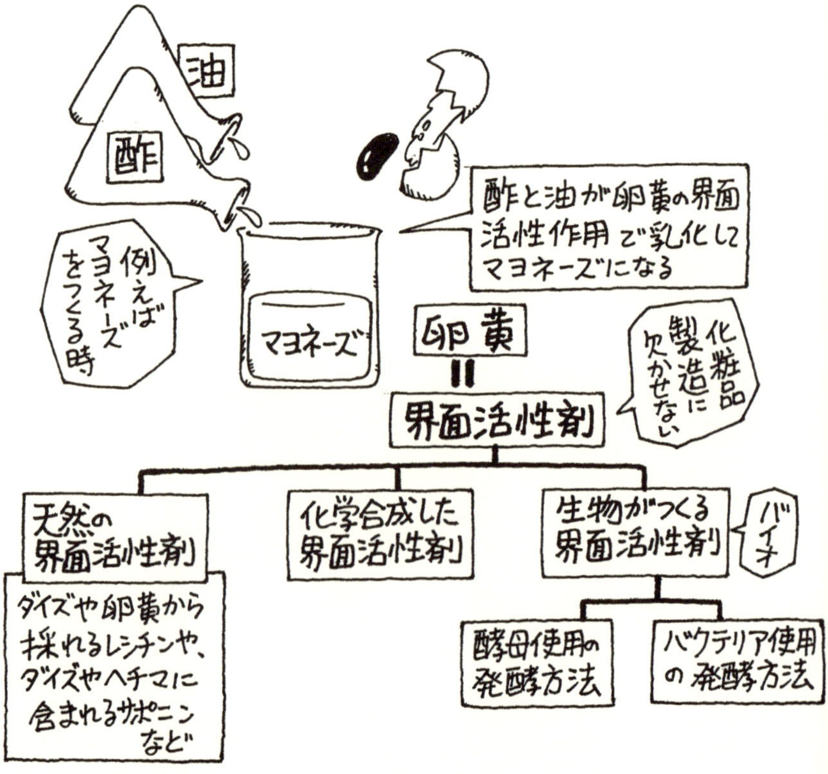

ため、その菌株を培養して生産されました。シロタ・エッセンス・シリーズは、乳酸菌の発酵代謝物で、これも保湿性に優れている点を利用したものです。

84年に、バイオ化粧品として発売されたリップスティックがあります。これは、植物のシコンを組織培養して量産し、そこから抽出したシコニンと呼ばれる色素を用いたものです。次に発売されたリップスティック用カーサミンは、ベニバナから採れるサフラワー・イエローと呼ばれる黄色の色素を酵素変換技術で赤色に変えて量産しました。その後も、多様なバイオ化粧品が登場しています。

企業としては、鐘紡、花王、資生堂、コーセーといった化粧品メーカーが中心ですが、藤沢薬品、大正製薬、協和醗酵などの化学企業も積極的に参入を図っています。

バイオ化粧品は、自然化粧品とは異なります。人工的に化学合成したものではありませんが、生物の原理を応用したといっても、人工的につくったものです。けっして自然そのものではなく、安全性は確認されていないのです。

生物農薬

化学農薬に代わって、生物農薬も増えています。生物農薬には、害虫の天敵を利用した天敵農薬、害虫の脱皮や交尾行動などを阻害するフェロモン農薬、そして殺虫毒素などをもった微生物を利用する微生物農薬の、３種類があります。

アメリカでは、いま生物農薬の種類が増えつづけています。その理由として、ひとつは、環境保護庁（EPA）と農務省（USDA）などが中心となって、化学農薬の使用量を減らす、総合的防除（IPM）を進めているからです。これは、気候や気象の変動なども考慮に加えた総合的な防除を目指した取り組みで、最終的には、化学農薬の減少を目的にしています。日本でも農水省が、天敵農薬などを用いた病害虫管理技術を通して、化学農薬の使用量を減らす、総合的防除を98年度から始めました。

また生物農薬は、登録までの期間が平均１年で、化学農薬が平均３年かかるのに比べて、開発から販売までの期間を短縮できることも有利に働いています。いま化学農薬から生物農薬へと、農薬の研究・開発の主役は移行しつつあります。

このように農薬の世界は、総合的防除の時代になりましたが、将来的には、

「生物農薬」と表現されるものは……
害虫防除の目的で遺伝子組み換え技術などで改造された生物（昆虫・微生物など）のこと
美しく整備されたゴルフ場の芝…

遺伝子組み換え技術を用いた生物農薬の開発が本命とされています。当面、最も研究・開発が進められているのが、天敵農薬です。すでに、かなりの種類の農薬が、製造・使用され始めています。日本にも数多くの生物農薬が輸入され始めています。

日本で、天敵農薬の分野で積極的に取り組んでいる企業の筆頭格が、トーメンです。生物農薬の生産施設をつくり、オランダ・コッパート社の技術を相次いで導入し、さまざまな農薬を開発しています。販売製品も出そろってきました。最初に取り組んだのが、トマトの害虫に対する天敵昆虫農薬です。

農業機械メーカーのクボタも千葉県と共同で「芝市ネマ」を開発しました。主にゴルフ場の芝を対象に用いる殺虫剤として開発されました。シロアリ駆除を業務としているキャッツもまた、トーメンにつづいて生物農薬の生産施設をつくって、天敵昆虫を用いた農薬の開発を中心に進める予定です。トモノアグリカは、イチゴの害虫を対象とした天敵農薬を輸入販売しています。

微生物農薬として最も普及しているBT剤は、すでに16社が販売しており(98年現在)、さらに増える見通しです。その他にも、糸状菌を用いた殺虫剤を中心に、数多くの微生物農薬が登場してきています。

生物農薬は殺虫剤が中心ですが、除草剤の分野でも開発が進められています。とくに三井化学や日本たばこ産業は、イネの雑草のノビエを対象にした除草剤として用いる生物農薬の開発を進めています。

生物農薬使用は、特定の生物を増やす危険性があり、自然界のバランスが崩れることが予測され、生態系への影響が懸念されます。また、有用な昆虫にも影響が出て、被害が広がる可能性もあります。生物は、化学物質と異なり、自己増殖するという致命的な問題点をもっているからです。いま遺伝子組み換え技術を応用した生物農薬の研究・開発が活発です。生態系に大きな異変を引き起こす要因を増やすことになります。

このように化学メーカーは、生き残り戦略として、化学からバイオへと大きく変身を遂げつつあります。しかし、企業体質は変わっていません。これまでの環境汚染体質から、環境に優しい企業に変身したわけではありません。

第10章

高付加価値イネと生命工場

高付加価値のイネ開発進む

いま、遺伝子組み換えイネは、これまでとは異なった高付加価値イネの開発へと進み、その応用が広がっています。

いま世界的な論議を呼んでいるのが、スイス・チューリッヒ大学の植物学者、インゴ・ポトリクスが開発した、ベータカロチンと鉄分を多く含んだイネです。スウェーデンから遺伝子組み換え食品の情報を送りつづけるアキコ・フリッドさんによると、1999年8月に米ミズーリ州セントルイスで開かれた国際植物学会で発表されたイネで、発展途上国の子どもたちの栄養不足対策のために開発されたということです。

ベータカロチンを多く含むことでビタミンA不足を解消し、鉄分を多く含むことで貧血対策になるというのです。この研究は、ロックフェラー財団などから助成金を得て研究・開発が進められたもので、国際イネ研究所のお墨つきを得て、第三世界での作付けが進め

られそうだ、ということです。

　このイネに対して、インドのヴァンダナ・シバさんは、「ビタミンAは、緑黄色野菜で補給できるし、そのような安価な対策を無視して、高価なイネを作付けさせることで、経済的にも悪い影響をもたらすし、環境も、健康も破壊することになるのは問題だ」という主旨の発言をしています。

　日本でも、類似のイネの開発が進められています。農水省では、トウモロコシの遺伝子をイネに導入して、高い光合成能力をもったイネの開発を進めています。イネは光合成能力が低いC3植物です。トウモロコシは光合成能力が高いC4植物です。光合成能力が高くなれば、成長が早まりますし、大粒のコメもできる可能性があります。

　しかし、このような能力をもたせることはイネの負担を増すことになり、どのような思いがけない変化が起きるか予測できません。環境や健康への影響が懸念されるのは、そこです。

日本企業の新種イネ開発

三井化学もまた、トウモロコシの酵素リンゴ酸をつくる遺伝子をイネに導入する実験に成功しています。トウモロコシの遺伝子をもったイネの誕生で、これも光合成能力を高めるための実験です。

北興化学工業は、イネから遺伝子を取り出し、その遺伝子を再度イネに導入して、葉で必須アミノ酸のリジン濃度を10倍にまで高めるのに成功しています。この場合は、イネの遺伝子をイネに入れて改造するという、新しい試みに成功したことになります。北興化学工業はまた、農水省農業研究センターと組んで、必須アミノ酸のトリプトファンを、通常の90倍も蓄積したイネの開発を行っています。いずれも、私たちの体にとって必要なアミノ酸を増やしたわけですから、栄養改良イネといってよいでしょう。

三菱化学系の植物工学研究所は、名古屋大学などと共同で、グルタミン合成酵素遺伝子をイネに入れて、光合成能力を高めたイネを開発しました。東京大学では、オオムギの遺伝子を入れて、鉄分が欠乏状態の土壌でも育つイネを開発しました。また、京都大学食糧科学研究所は、農水省生物資源研と組んで、ダイズの蛋白質「グルテリン」をつくり出すイネを開発しました。このように、他の作物の遺伝子を入れる試みが増えています。

従来開発してきた除草剤耐性、殺虫性、あるいは耐病性イネのように、作

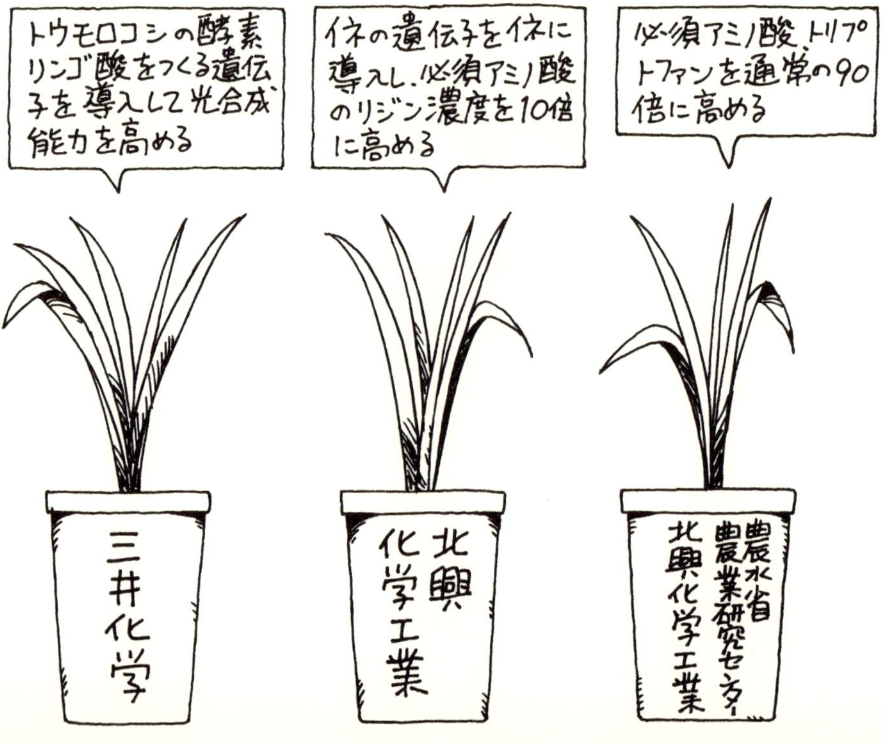

付けする際の省力効果を主目的とする作物とは違い、イネそのものの付加価値を高めることを目指して開発が進められています。

その他にも、遺伝子組み換えイネの活用法があります。それが生命工場です。生命工場とは、主に人間の遺伝子を生命体に入れて、その遺伝子がつくり出す蛋白質を取り出し、医薬品や食品、食品添加物として製品化する方法のことをいいます。

ゲノム解析後に、その成果を生かす分野として注目されているのが、この生命工場です。ゲノム解析とは、全遺伝子の解読であることは、すでに述べた通りです。遺伝子を解読した後、有用な遺伝子を活用する方法として、もっとも重要視されているのが、この生命工場なのです。

生命工場は、人間などの遺伝子を生命体の中に入れて、その遺伝子がつくり出す蛋白質をその生命体につくらせ、精製・加工し、製品化します。生命体を工場のように用いることから、この名がつけられました。

植物や動物、昆虫によって、それぞれを植物工場、動物工場、昆虫工場といい、植物工場の場合、植物を工場のようにシステム化した温室内でつくる「植物工場」と紛らわしいため、細胞と呼ぶ文字を入れ「植物細胞工場」というケースが多くなっています。

この生命工場の出発点は、動物工場にあります。この動物工場づくりで画期的な手法が開発されました。それがクローン動物です。

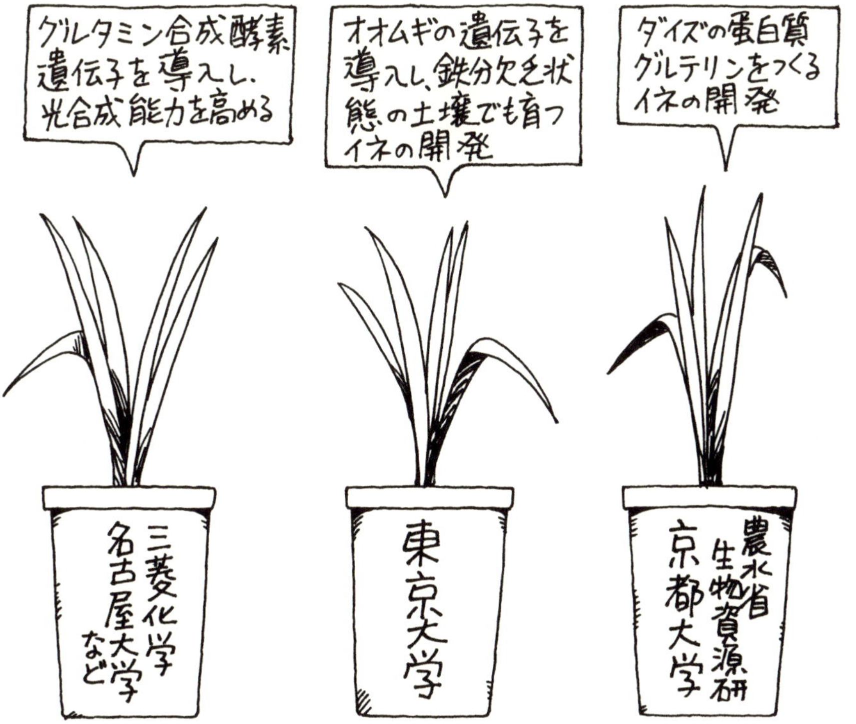

クローン動物誕生

1996年７月５日午後５時、体細胞クローンでつくられた１匹のヒツジが誕生しました。英エジンバラ近郊にあるロスリン研究所のイアン・ウィルムットとキース・キャンベルが、つくった「ドリー」。初めて誕生した体細胞クローン動物でした。乳腺細胞を用いたことから、グラマーな歌手ドリー・バートンをもじって名づけられました。

クローンとは、遺伝的にまったく同じ個体をつくることを意味します。従来、動物のクローンというと、生殖細胞を用いた「受精卵クローン」を意味していました。体細胞を用いたクローンはまだ先のことだと考えられていたからです。「受精卵クローン」では、受精卵を用いるため、親の代と遺伝的に同じ子どもを誕生させることはできませんでした。体細胞遺伝子を用いると、その細胞の提供者とまったく同一、

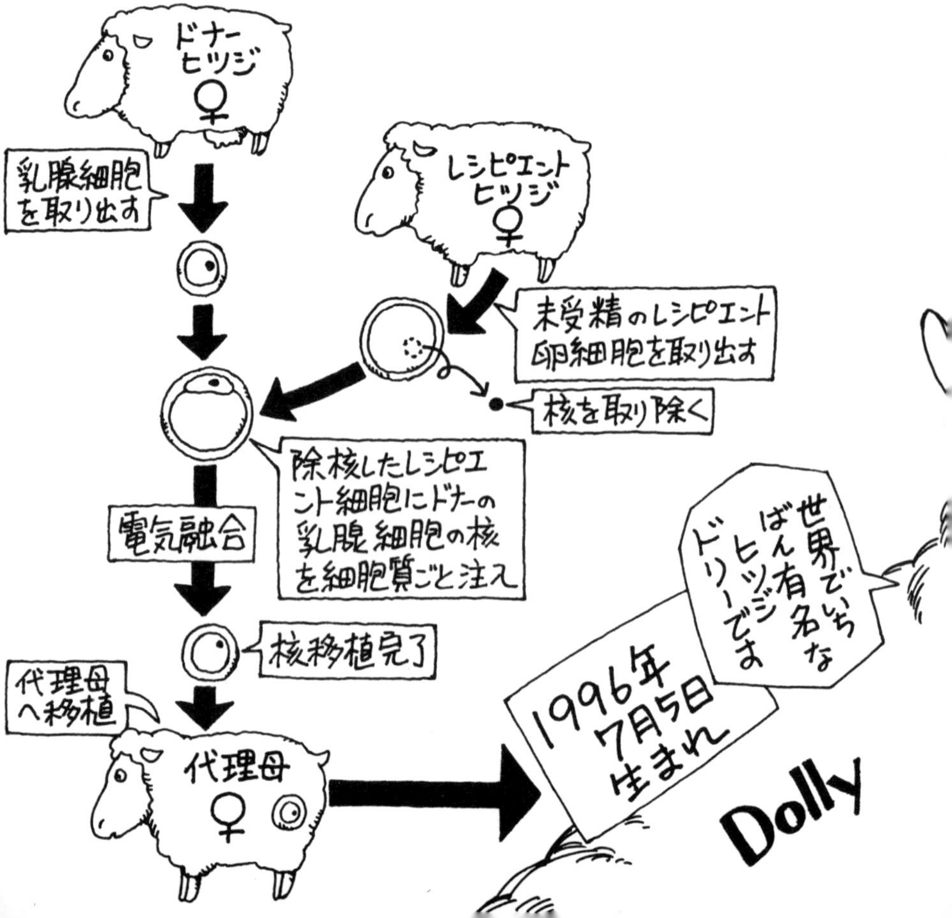

すなわち親の代と遺伝的に同じ子どもを誕生させることができます。

このクローン・ヒツジの場合、メスの体細胞を用い、それを卵子に入れ、代理出産させています。生まれてきたヒツジは当然メスです。そのため、オスがまったく介在していないのです。すなわち、両性を必要とせずに出産できるようになったのです。

この報告がきっかけになって、世界中で体細胞を用いたクローン動物づくりが始まりました。日本でも、石川県畜産総合センターなどでクローン牛が続々と誕生しています。99年４月には雪印乳業によって、ホルシュタイン種の牛乳に含まれる細胞を用いてクローン牛がつくられました。同社の受精卵移植研究所では、すでに耳の細胞を用いた体細胞クローン牛誕生に成功しており、牛乳を使った誕生はそれに次ぐものでした。

動物工場と昆虫工場

このクローン・ヒツジ「ドリー」を誕生させた研究所は、動物工場開発に取り組んでいます。動物工場とは、遺伝子組み換え動物を用いた医薬品、食品、食品添加物づくりです。体細胞クローン動物は、遺伝子組み換え動物を量産するのが目的で開発されたのでした。

なぜかといいますと、遺伝子組み換え動物は、増やすのが難しかったのです。というのは、次の世代をつくる際に受精を経るため、せっかく導入した遺伝子が脱落してしまい、普通の動物に戻ってしまうのです。ところが体細胞を用いれば、体細胞と同じ遺伝子をもった動物を誕生させることができるため、遺伝子組み換え動物を増やすことができます。

現在、動物工場では、ウシやヤギ、

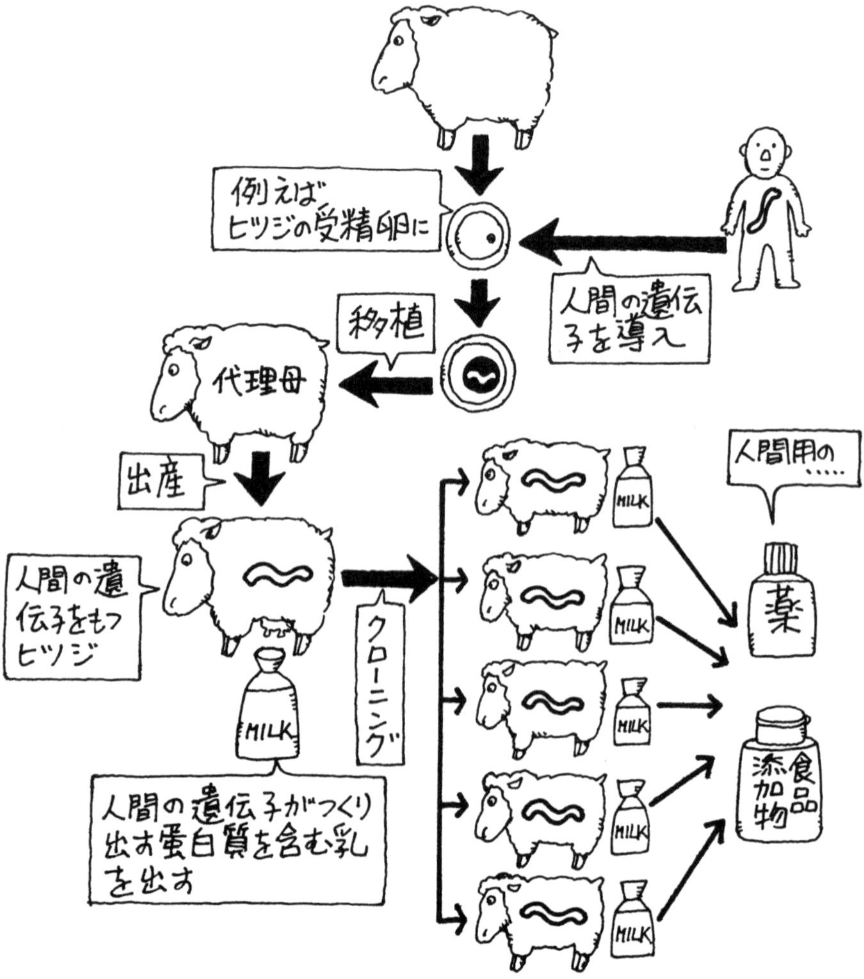

ヒツジなどを用い、乳を通して、薬や食品・食品添加物を取り出しています。主に人間の遺伝子を受精卵に入れ、それがつくり出す蛋白質を乳から取り出しているのです。医薬品製造を目的とした際には、動物製薬工場ともいえます。

この分野のトップ企業は、米ジンザイム・トランスジェニックス社で、世界で最初に遺伝子組み換えのクローンヤギを開発した企業です。そのヤギを用いて、ヒトアンチトロンビンⅢを生産させています。現在、医薬品として認可を受けるための最終の臨床試験段階にきています。同社では、ウサギを用いて生産させたヒトαグルコシダーゼも臨床試験段階に入っており、ウシからヒト血清アルブミンを生産させる方法も確立しています。その他では、オランダのファーミング社が、ウシを

用いてヒトラクトフェリンを生産させています。

なぜ動物を利用してつくらせるかというと、血液製剤などになる蛋白質が大きすぎるため、通常の微生物でつくらせる方法では、できないからです。しかも動物の乳から取り出せば、大量に、安くつくり出すことができます。

しかし、動物を用いることで、動物が感染している未知のウイルスが人間に入り込むことがあったり、狂牛病に代表される蛋白質による健康障害の危険性があります。動物も、本来必要のない蛋白質をつくりつづけなければならず、その結果、予測できない変化が生じる可能性があります。

昆虫を用いた場合は、昆虫工場ということになりますが、主にカイコを用いた医薬品づくりが進められています。カイコの体の大部分は消化管で占められており、クワなどの葉を食べて大きくなります。クワは水分を除く約30%が蛋白質であり、蛋白質でできたまゆ、すなわち絹の原料である生糸を多量につくるには理想的な食糧といわれています。

カイコはこのように、多量の蛋白質をつくります。遺伝子組み換え技術を用いて外から遺伝子を入れ、その遺伝子がつくり出す蛋白質を糸や体液と一緒にとり出し、それを分離・精製すれば、効率のよい蛋白質製造工場になるのです。大腸菌などよりもはるかに効率よく大量に生産できるのです。

すでに東レは、遺伝子組み換えインターフェロンを昆虫につくらせるのに成功しています。とはいってもネコ・インターフェロン、イヌ・インターフェロンです。インターフェロンをつくる遺伝子をバキュロウイルスと呼ばれるウイルスに組み込み、カイコの幼虫に注入して、体液中に生産させ、分離・精製してつくっています。

せっせ せっせ
カイコは「まゆ」という蛋白質を大量につくる
エサのクワは大量に蛋白質を含んでいる
研究者
人間用の蛋白質を大量につくるのにピッタリ!!
遺伝子組み換えインターフェロンをつくるのに成功しました
まだイヌ・インターフェロンネコ・インターフェロンですが、いずれヒト用も…
東レ

植物細胞工場

植物細胞工場は、植物の細胞を工場と考え、主に人間の遺伝子を導入して、その遺伝子が産生する蛋白質を植物内でつくらせ、抽出・精製して医薬品や食品、添加物などを製造する植物改造です。用いる植物は、いまのところ大量に蛋白質をつくり出す、タバコとトウモロコシが用いられるケースが多くなっています。タバコは葉に蛋白質を蓄積させ、トウモロコシは種子に蛋白質を蓄積させます。

これまでにも、いくつかの植物工場がつくられています。フランス最大の種子企業のリマグレイン・グループから分離独立した、リステム・セラピューティクス社が、この分野のトップ企業です。米ウィーナー・テンベルト社と共同で、植物に膵のう胞性線維症の治療薬をつくらせたり、血液成分をつくらせる研究を進めています。ヒトラクトフェリンやコラーゲンなどの健康食品や化粧品の原料の生産にも、植物細胞工場を用いる研究を行っています。

米ベンチャー企業のアグラシータス社は、ヒト成長ホルモンを量産するタバコをつくりました。また米プロディ・ジーン社は、トウモロコシに医薬品をつくらせてきましたが、カーギル社と共同で、ブラゼイン（甘味蛋白）を食品として量産化する計画を進めています。

イネを用いた研究も行われています。日本のアレルゲンフリー・テクノロジー（AFT）研究所は、イネにヒトラクトフェリン遺伝子を導入して発現に成功しており、98年から非閉鎖系での実験を始めています。

ヒトラクトフェリンは、母乳中に含まれる鉄との結合力が強い蛋白質です。血清中にも存在して鉄分を奪うことで強い抗菌作用をもっています。そのヒトラクトフェリンそのものを医薬品として販売することが目的で開発が進められていますが、同時に、このイネからできるコメは、通常のイネの約２倍の鉄分を含むことから、栄養機能食品や特定保健用食品といった、高付加価値食品としての販売も目指しています。

このようにスイス・チューリッヒ大学の植物学者、インゴ・ポトリクスが開発した、ベータカロチンと鉄分を多く含んだイネと並んで、日本でも高鉄分含有イネの開発に成功したのです。

このアレルゲンフリー・テクノロジー研究所は、国家主導のベンチャー企業で、民間企業では旭電化工業、明治製菓、キッコーマンが出資しています。同研究所は、また農水省と共同で、ヒトラクトフェリンをつくる遺伝子を、トマト「秋玉」に入れ、その遺伝子を発現させることに成功させています。

植物細胞工場は、遺伝子組み換え作物づくりです。生態系への影響や、不純物混入などで健康障害を引き起こす懸念があります。

このように、植物、動物、昆虫というように生命体を工場と位置づけて、生産させる技術が広がっています。この技術は、遺伝子を入れられる生命体の方から見ると、不必要な遺伝子を入れられ、不必要な蛋白質を大量に作り出すことになります。

最近、広島大学理学部の吉田勝利教授らの研究チームは、クラゲの発光遺伝子を用いて、光るオタマジャクシを誕生させました。オタマジャクシにとっては不必要な遺伝子が入り、蛋白質をつくることになります。

このようなことは、生命体自体に大きく影響するだけでなく、大量生産が始まれば、生態系に大きな影響が及ぶことになります。遺伝子組み換え作物、遺伝子組み換え動物、クローン動物、そして遺伝子組み換え昆虫と、地球環境に大波乱を引き起こし、食品としての安全性を脅かす要因は増えつづけることになります。

第11章

広がるトラスト運動

生命改造食品

いま遺伝子組み換え食品以外にも、受精卵クローン牛の肉・乳製品、それに染色体を操作した魚介類などの生命改造食品、欧米では「フランケンシュタイン食品」と名づけられた食品が、食卓に続々と登場しています。食品としての安全性はもちろん、社会的にも、環境への影響においても、数多くの問題点が指摘されています。

バイオテクノロジーはまだ未知の技術です。どのような問題が生じるかを推し量るには、余りにも歴史が浅いとしかいいようがありません。遺伝子組み換え作物が実際に作付けが始まったのは、1996年です。まだわずか5年の歴史しかありません。その間に、作付け面積は拡大の一途を辿っています。作付けが進むと同時に多くの問題点が

浮上してきています。まだ５年でこの状態ですから、長期に作付けされたときの影響ははかりしれません。

そして、いま私たちの主食イネまで、この遺伝子組み換え技術での改造が進み、食品として登場しようとしているのです。毎日食べる食品である以上、慎重の上にも慎重を期していくのが筋です。しかし、極めて簡略化された安全性評価だけで、市場に出回りそうな趨勢にあります。

このような生命改造食品は、本来、長期にわたる安全性評価を経た上で、なおかつ社会的合意を得てから市場への登場を認めるべきです。すべての情報を公開し、消費者の間で議論を深め、はたして受け入れることができるかどうか、十分議論をつくし、しかも多くの人が受け入れることを容認してから、販売を始めるのが筋です。ましてや、私たちの主食イネにまで及ぶとなると、その影響は大きく、社会的合意は不可欠です。

広がる反対運動

1980年代中頃、まだ日本では遺伝子組み換え技術を用いた食品の研究・開発は、ほとんど行われていませんでした。もちろん大きな反対運動もありませんでした。私が所属しているDNA問題研究会では、その段階から、野外実験に反対の運動を行っていました。遺伝子を組み換えた生物を環境中に放出することは、生態系に思いがけない悪い影響をもたらす危険性があるからです。

当時、ヨーロッパでは、すでに環境保護グループを中心に、遺伝子組み換え作物を野外で作付けする実験に反対する運動が行われていました。米国でも遺伝子組み換え食品の反対運動が広がり始めた頃でした。

研究会の中では、私がこの問題の担当となり、調査を進めていました。いよいよ日本でも、厚生省が安全性評価の指針づくりに着手したため、この指針ができれば、輸入が始まることになる、という状況に直面しました。

日本でもイネの研究が急ピッチで進

んでいました。私たち研究会は、自分たちだけの力では、余りにも弱過ぎることを実感しました。そこで、この問題を共同で取り組んでくれる人たちを探していました。そして出会ったのが日本消費者連盟で、94年のことでした。その時、同連盟で食糧問題の担当だったのが、安田節子さんでした。それから、私と安田さんによる厚生省との交渉が始まったのです。

当時、日本では、消費者の間で、この問題への関心はほとんどないに等しかったといえます。そのため指針はつくられ、輸入も認可されました。96年9月のことでした。

状況が一変するのが、作物が輸入されてからです。それをきっかけに遺伝子組み換え食品への関心は急速に高まりました。96年11月には、「遺伝子組み換え食品いらない！　キャンペーン」がつくられ、この市民グループを中心に生協、農民団体、消費者団体が取り組み、ついに表示問題などで、政府を動かすまでになったことは、すでに述べた通りです。

遺伝子組み換え食品への反対運動は、もう一つ大きな新しい運動をつくりました。ダイズ畑トラスト運動です。遺伝子組み換え作物の拡大に対抗する、民衆の側からの提起です。中心になって進めているのが、消費者と有機農業を進めている農家です。

日本の農業・農家を守る道は、遺伝子組み換え作物にはありません。日本の農業を守ること、遺伝子組み換え作物を拒否すること、そして安全なダイズを確保すること、その三つを一度に実現する運動として、消費者の声がきっかけになって始まった運動です。

遺伝子組み換え作物で最もつくられている作物がダイズです。日本でのダイズの自給率が３％前後であることから、否応なく私たちの食卓に入ってきてしまいます。

この運動は、国産ダイズの作付け面積を増やす運動です。生産者は土地を提供し、その土地からとれるダイズを、

消費者が畑借り
農家が生産
組み換えダイズじゃない種豆でね
組み換えダイズを買わないだけじゃなくて、自分でつくりましょう
お醤油もお豆腐もダイズなのに……
ダイズの自給率が3%なんてねえ…

あらかじめ契約した消費者が買うことになります。種まき、刈り入れなどは生産者と消費者が共同で行い、収穫のいかんを問わず生産者に収入を保障していきます。栽培の条件は、有機無農薬・無化学肥料栽培。

生産者は、一定の収入が保障され、消費者は安心できる国産ダイズを入手でき、自給率の向上にも役立つことになります。消費者の積極的な参加が広がり、農地を提供する農家の数も増えています。

そして、この運動が新しい広がりをもち始めました。それが水田トラスト運動です。

「大豆トラスト」広がる
遺伝子組み換えに対抗

水田トラストへ

水田トラストを始めたのは、山形県新庄市でダイズ畑トラスト運動に取り組んできた農家と、その農家とつながりの深い消費者グループです。コメどころ庄内平野において、水田で有機無農薬・無化学肥料でのイネづくりの運動を提起したのです。

これまでは、トラスト運動の対象はダイズだけでした。新たにコメづくりにも挑戦ということです。農家の水田所有者は、1反（300坪）を提供します。消費者は、年会費3万円を支払い30坪分を出資します。10人で1反をトラストすることになります。2000年から始め、初年度は、5反（1500坪）を予定しています。すなわち50人の消費者を募集することになります。

生産は農家主体ですが、消費者も積極的に除草などの応援を行うことになります。生産者と消費者をつなぐ新し

たわわに実りましたね アタシも雑草取りしたかいがあるわ
「さわのはな」は在来種なんだ 見た目は悪いけど味はピカイチだよ
山形県で「水田トラスト」

い運動の形です。つくられたコメはすべて出資者が引き取ることになります。

この運動には、もう一つ特徴があります。つくられるコメが在来種の「さわのはな」という点です。このコメは、「東北山形が産んだ文化遺産である」と述べるのは、生産者の佐藤恵一さんです。「梅雨を越しても味が落ちないという不思議な特性をもち農家の舌で選ばれたナンバーワンのおコメだ」といいます。見た目が悪いため市場には流れにくいが、味はピカイチであり、新庄ではずっと生産されつづけたおコメだということです。この運動には、日本の在来の種子を守るという意味も込められているのです。

遺伝子組み換え食品の登場は、日本の農業・農家にとって危機的状況をもたらしたことは事実です。しかし、そのような危機的状況を逆手にとって、新しい運動が始まりました。けっして民衆は黙っていません。

遺伝子組み換え米へ危機感
在来種保護へ消費者と協力
やろうと思えば安全なおコメをつくって食べられるんだ
庄内じゃあずうっとつくってきたおコメなんだから
水田で有機無農薬無化学肥料でね

あとがき

いま、私たちの生命観が問われています。市場経済優先の考え方が全世界を覆い尽くし、生命までも例外ではなくなってしまったからです。すでに生命の特許化が認められています。そのことは、生命それ自体の固有の価値を否定し、実用性・経済性の価値を優先する論理にほかなりません。

いまや、「かけがえのない生命」ではなく、「利用する生命」の時代に入ったといえます。以前から私たちは他の生物の命を奪って存続してきました。しかし、そこには生態系を維持するなどの一定のルールと、他の生命をいただいているという慈しみの心がありました。

遺伝子工学の時代になり、生命改造が市場原理で進められ始めると、そのルールも、慈しみの心も消えてしまったように思えてなりません。すっかり生命の利用価値しか目に入らないようになりました。利用価値のない生命は「ガラクタ」となります。人の命を簡単に奪う事件が頻発していますが、このような生命が粗末にされる傾向と軌を一にしています。

生命だけでなく、遺伝子までも特許になってしまいました。生命の基本である遺伝子までもが市場経済の論理の前に、実用的な価値しか重要視されなくなったのです。

しかも政府・産業界を巻き込み、世界中で一番乗りを目指して、有用な遺伝子を解読する血みどろの競争が展開されています。

遺伝子を市場経済の論理で改造することも進められています。遺伝子組み換えイネや作物は、経済性に基づいて、遺伝子の改造が行われ、つくられた産物です。コメ、コムギ、トウモロコシ、

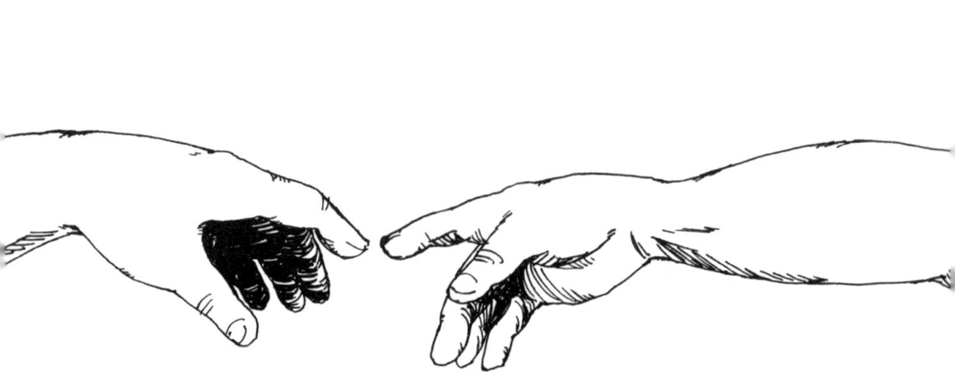

ダイズなどあらゆる作物に改造の波が押し寄せています。

私たち日本人にとって、コメは特別な食べ物です。確かにコメの消費量は、1962年度をピークに下がりつづけています。国民一人当たり消費量はそのピーク時の118.3キロから、98年度には65.2キロまで減少しました。

それでもコメは、私たちの供給熱量の約24.7%を占め、供給蛋白質の約14%を占めています。しかも農業生産額の約25%を占める、数少ない自給農産物です（いずれも1998年度の数字）。

そのコメ自給も、自由化政策によって危なくなりつつあり、その上、遺伝子改造が進められています。私たちの主食であり、また文化の礎でもあるイネにまで、改造の波が押し寄せています。「稲作文化」という言葉さえ死語になろうとしています。

市場原理という魔物を前に、あらゆる価値観が飲み込まれつつあります。いま、改造の波を止めなければ、将来に大きな禍根を残すことになります。それと同時に、改めて市場原理から離れた立場で、生命とは何か、遺伝子とは何か、を問い直すことが求められているといえます。

愛知県農業試験所が、モンサント社と組んで除草剤耐性イネを開発しました。品種はジャポニカの「祭り晴」で、2000年５月から隔離圃場での試験栽培が始まりました。モンサント社が主導権をとっての開発であり、日本での作付けを睨んだものです。

オリノバも同じ５月から、遺伝子組み換えコシヒカリの一般圃場実験を開始しました。オリノバは、遺伝子組み換えイネ開発のために、日本たばこ産業とアストラゼネカ社が組んでつくっ

た合弁企業です。同社は、低グルテリン（低タンパク）イネを中心に開発を進めてきました。日本酒をつくるのに有効なイネです。

これまでは品種として「月の光」を用いて開発していました。今度はコシヒカリの一般圃場での作付けを、静岡県磐田の水田で開始したのです。オリノバとすれば、これからはコシヒカリを中心に開発を進めていく予定だそうです。その他に、全農が開発したヒトラクトフェリン遺伝子導入イネも作付け実験が始まりました。人間の遺伝子を持ったイネの登場です。このように、次々と遺伝子組み換えイネの栽培実験が始まっています。

アメリカでも除草剤耐性イネの作付けが始まろうとしています。もし収穫が始まりますと、続々日本に入ってきます。農水省・厚生省が承認しようがしまいが、それに関係なく、入ってくるのです。

2000年５月、「遺伝子組み換え食品いらない！　キャンペーン」が行っている検査運動で、家畜の飼料やペットフードから未承認作物が検出されました。本来、日本に入ってはいけない品種です。以前も、コーンスナック菓子から未承認トウモロコシが検出されましたが、今回も未承認トウモロコシが２種類検出されました。いずれも殺虫性トウモロコシで、そのうちアグレボ社の作物は、殺虫蛋白が熱に強く、消化器系での分解能力が低く、アレルギーを引き起こす可能性が高いため、ＥＰＡ（米環境保護庁）が問題だと指摘した作物です。それが堂々と輸入されていたのです。

遺伝子組み換え作物は、厚生省や農水省が認める認めないに関係なく、ア

メリカで収穫され日本に入ってきます。しかも、それを水際で防ぐ手段はないのです。これは、アメリカ国内で収穫後に混ぜられて日本に入ってくること、輸入時にチェックされないために、当然のことです。

今回の検査結果は、家畜の飼料やペットフードですが、食品でも同様です。いまの遺伝子組み換え作物・食品の安全性評価の方法、それに基づく輸入の方法自体の欠陥といえます。

日本での作付けも問題ですが、もしアメリカでイネの作付けが始まれば、厚生省・農水省が承認するしないにかかわらず、日本に入ってくることになります。チェックのできない、外国からのイネの流入そのものをなくしていくことも大切です。

このような遺伝子組み換え作物推進の動きに対抗して、遺伝子組み換え食品に対抗する試みも広がっています。茨城県にある常総生活協同組合が、遺伝子組み換えナタネに対抗して、地域にナタネを復活させる「菜の花プロジェクト（基金）」の呼び掛けを始めました。ナタネ油の地域自給を目指す運動で、畑の復活と搾油場建設を目指しています。

JA静岡は、99年、全県でワタの作付け運動を行ったのにつづいて、2000年、ダイズの作付け運動を展開しています。ダイズは、休耕田に作付けし、青年部は夏に枝豆を利用したイベントを行い、女性部は味噌や豆腐作りに挑戦することになっています。

三里塚ではダイズとコムギを合わせたトラスト運動も始まりました。ダイズ畑トラスト運動が、水田トラスト以外にも思いがけない形で影響を広げています。

略歴

天笠啓祐《あまがさけいすけ》●文

1947年東京生まれ。早稲田大学理工学部卒。
フリー・ジャーナリスト。
著書『電磁波』『遺伝子組み換え（食物編）』『遺伝子組み換え動物』（現代書館）、『原発はなぜこわいか』（高文研）、『脳死は密室殺人である』（ネスコ）、『遺伝子組み換え食品』（緑風出版）、『危険な暮らし』（晩聲社）、『優生操作の悪夢』（社会評論社）、『くすりとつきあう常識・非常識』（日本評論社）、『医療と人権』（解放出版社）、『環境ホルモンの避け方』（コモンズ）ほか

あべゆきえ●絵

東京生まれ。日本大学芸術学部文芸学科卒。
イラストレーター。
広告、雑誌、書籍等で仕事。
FOR BEGINNERSシリーズで『三島由紀夫』『地図』、FOR BEGINNERS SCIENCEシリーズで『遺伝子組み換え（食物編）』『遺伝子組み換え動物』の絵を担当。

FOR BEGINNERS SCIENCE ⑦
遺伝子組み換え　イネ編

2000年6月25日　第1版第1刷発行

文・天笠啓祐
絵・あべゆきえ
装幀・足立秀夫
発行所　株式会社 現代書館
発行者　菊地泰博
東京都千代田区飯田橋3-2-5
郵便番号 102-0072
電話（03）3221-1321
FAX（03）3262-5906
振替 00120-3-83725

写植・一ツ橋電植
印刷・東光印刷所／平河工業社
製本・越後堂製本

 ISBN4-7684-1207-6
http://www.gendaishokan.co.jp/
制作協力・東京出版サービスセンター
カバー写真提供／天笠啓祐・自然食通信社
定価はカバーに表示してあります。
落丁・乱丁本はおとりかえいたします。